【中华历史文化名楼】

天一阁

虞浩旭 编著

文物出版社

图书在版编目（CIP）数据

天一阁 / 虞浩旭编著.—北京：文物出版社，2012.9
（2018.12重印）
（中华历史文化名楼）

ISBN 978-7-5010-3544-1

Ⅰ.①天…　Ⅱ.①虞…　Ⅲ.①天一阁—介绍
Ⅳ.①K928.74

中国版本图书馆CIP数据核字（2012）第213350号

中华历史文化名楼
天一阁

编　　著：虞浩旭
责任编辑：周兰英
重印编辑：李　睿
责任印制：陈　杰
封面设计：薛　宇

出版发行：文物出版社
社　　址：北京市东直门内北小街2号楼
邮　　编：100007
网　　址：http://www.wenwu.com
邮　　箱：web@wenwu.com
经　　销：新华书店
印　　刷：文物出版社印刷厂
开　　本：787×1092　1/16
印　　张：12
版　　次：2012年9月第1版
印　　次：2018年12月第2次印刷
书　　号：ISBN 978-7-5010-3544-1
定　　价：58.00元

《中华历史文化名楼》丛书编辑委员会

目　录

　　天一阁坐落于宁波月湖之西，是中国现存最古老的藏书楼，也是世界最早的三大家族图书馆之一。天一阁建于明嘉靖年间，原为明兵部右侍郎范钦藏书处，现为全国重点文物保护单位、全国重点古籍保护单位、全国重点古籍修复中心和国家 4A 级旅游景点。天一阁占地 31000 平方米，由藏书文化区、园林休闲区、陈列展览区等三大功能区组成。天一阁现藏各类古籍近 30 万卷，其中珍椠善本 8 万卷，尤以明代地方志和科举录最为珍贵；古代书画 4 千余幅，碑帖 4 千余帧，其中不乏黄庭坚、吴镇、文徵明等历代名人佳作。阁内明池、假山、长廊、碑林交错点缀，粉墙黛瓦、黑柱褐梁、园林精美、建筑古朴，富有浓郁的地方特色。近年来，天一阁博物馆正以中国特色文献收藏、中国藏书文化研究、中外藏书文化展示交流和中国纸质类文物科技保护"四个中心"为建设目标，积极创建管理一流、环境优美的藏书文化专题博物馆，努力打造别具特色的江南人文旅游胜地。

第一篇　建阁阅四百载
——范氏天一阁的创建与地位

　　天一阁是我国现存最古老的图书馆，也是最古老的私人藏书楼，距今430年以上，是我国现存最珍贵的历史文化遗产之一，在中国文化史和世界文化史上有着重要的地位。要了解天一阁，就应该先了解它的创建者、创建史及地位。

一、范钦的传奇经历

　　天一阁自创立至今已有430多年了，其名气也日盛一日。书楼的光环遮掩了楼主的风采。虽然天一阁之所以能够岿然独存，须靠数人数世接力而传，但始创者的筚路蓝缕之功，自当独多。关于天一阁主人范钦的事迹，明朝嘉靖以后的地方史志多有记载，而最详细的则要数甬上学者徐时栋始纂、董沛玉成其事的《光绪鄞县志》了。民国时期甬上冯孟颛先生所编《鄞范氏天一阁书目内编》附二"志传"对此又作了详尽的补注。我们不妨凭此演绎。

范钦像

范钦（1506~1585），字尧卿，号东明，嘉靖七年（1528）戊子科浙江乡试中式举人第七十名。嘉靖十一年（1532）壬辰科会试第一百七十八名，殿试第三十八名，列二甲，赐进士出身，获出仕资格。范钦走的也是一条大多数士子所走的"学而优则仕"的典型道路。他的第一站第一任为湖广随州知州，虽是初次理政，却"律身如干，持法如钟，词采如弼，祗严庄重，惠厚宣朗，悯旱赈贫，摘奸涤弊，民怀吏畏，盗贼屏迹"，有良好的政绩。嘉靖十五年（1536）升工部员外郎，负责营缮之事。当时营造、修建之类的大工事不断，由贵族出身、深得皇帝宠幸的武定侯郭勋总督其事，他恃宠傲世，贪赃枉法，私自冒领官钱数十万。范钦在他手下干事，因其耿直之心，难免与郭勋数相顶撞，得罪了郭勋。郭勋向皇帝诬告范钦"犯上作乱"，故意延误工时，被廷杖下狱。后郭勋事发，范钦才得以昭雪，于嘉靖十九年任江西袁州知府。

袁州乃当时把持朝政、玩弄权术的大学士严嵩的故乡，为官不易。范钦在袁州仍保持耿直秉性，敢于冒犯权贵。严嵩之子严世蕃想霸占宣化公

的房产，范钦予以阻止。严世蕃欲怒斥范钦，好好教训他一顿。老谋深算、老奸巨猾的严嵩说："此人乃违抗武定侯郭勋者，以强项自喜，你去碰他，反高其名，应当笼络他。"范钦因祸得福，稍得安宁，得以花精力去治理袁州。范钦"诘奸剔蠹"，使当地群盗绝迹，属境肃然。他又体恤袁州之民赋重贫苦，力争轻赋，深受百姓爱戴。如此一干便是六年，得以稍试才干，接着便以按察副使的身份备兵九江。

九江多盗贼，社会治安恶劣。范钦一上任，便进行大刀阔斧的整改，命令所有卫所各率本部人马驻水陆要地，以资策应，共同打击盗匪，令这些乌合之众骇惧即散。某初露军事才能，旋升广西参政，守桂平。又转福建按察使，进云南右布政，陟陕西左使。至嘉靖三十三年（1554），因父母相继离世，丁艰回家守孝三年。嘉靖三十七年起补河南左布政使，升副都御史，巡抚南安、赣州、汀州、漳州、南雄、韶州、惠州、潮州诸郡。这些州郡，或民风强悍、盗贼成群，或处海疆、倭患不断，引起朝廷的关注和不

范钦像

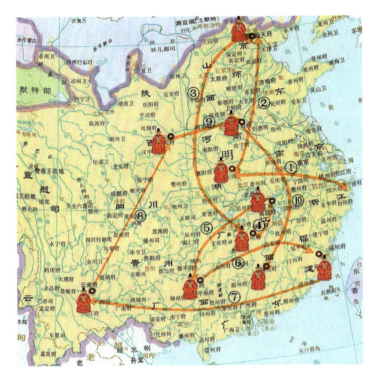

踏着范钦的足迹——
范钦行迹实地草图

① 嘉靖十年（1532）任随州知州

② 嘉靖十五年（1536）升任工部员外郎

③ 嘉靖十九年（1540）出任江西袁州知府

④ 嘉靖二十三年（1544）升江西九江兵备副使

⑤ 嘉靖二十五年（1546）升调广西布政使参政

⑥ 嘉靖三十 年（1552）调福建提刑按察使

⑦ 嘉靖三十二年（1554）升云南右布政使

⑧ 嘉靖三十三年（1554）升陕西左布政使

⑨ 嘉靖三十七年（1558）补河南布政使

⑩ 嘉靖三十七年（1558）升右副都御史

巡抚南赣汀漳诸郡

2005 年 11 月编制

范钦行迹图

安。由于范钦在九江任上的杰出表现，此次皇上亲谕范钦前往江西、福州、广东诸郡巡视。上谕曰："特命尔前去巡抚江西南安、赣州，福建汀州、漳州，广东南雄、韶州、潮州各府及湖广郴州地方提督军务，但有盗贼生发，即便严督各该兵备守御守巡，并各军卫有司设法剿捕……钦此。"范钦领此圣旨，将其军事指挥才能进行了淋漓尽致的发挥，擒获剧寇李文彪，削平其山寨；多次在闽粤两省抗击倭寇，大获全胜，保一方平安；抓获大盗冯天爵。由于军事上的杰出成就，嘉靖三十九年，范钦升任兵部右侍郎。

但由于嘉靖年间，政治黑暗、吏治腐败、倭患严重、民不聊生，范钦见"政府益恣横"，并未上任就请求去官归里。又说范钦被南京御史王宗徐控告"抚南赣时，黩货纵贼，贻患地方"，于是"得旨回籍听勘"。但这回家等候调查之事，后来也不了了之。于是范钦未赴任兵部右侍郎之事就成了一个尚待破解的谜。

二、范钦的人生抉择

范钦性喜藏书，在他中进士前即已开始书籍的搜寻工作。据明史专家谢国桢先生著文所言，范钦的藏书活动始于嘉靖九年（1530）。但他宦游四处，政务繁忙，虽然图书的搜集工作一直在进行，但图书的措理却从未好好进行过。范钦辞官归家，为他在藏书方面的继续发展提供了难得的机会。

如前所述，范钦的辞官很大程度上是由于朝廷腐败、奸臣当道，国家内乱外患不绝，使得正直的士人难以容身。在明朝正德以前，由明朝法律和程朱理学的道德观念所培养起来的士人群体，凭借他们的良心、社会责任感，大多数都是"忧国忘家，身系安危，志存宗社"的，为大明帝国辛勤地工作着。然自进入明武宗正德、明世宗嘉靖时期，士人作为一个群体，其心态发生了较大的变化。这与这一时期的政治局势、社会风尚、哲学思想等方面所发生的重大变化有关。就政治局势而言，正嘉时期，朝政进一步败坏，而且有越来越糟趋势。而对士风的变化、对士人心态造成很大影响的有三件事：第一件事是武宗即位并重用宦官刘瑾、马永成等八人，时称"八党"或"八虎"，大臣们欲除去"八党"，最后失败，导致"八党"

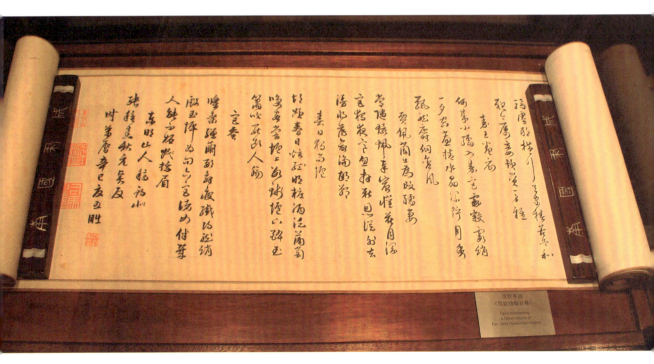

范钦手迹

疯狂报复，其肆意凌辱官员，动辄对大臣廷杖、除名、下诏狱，使士人群体忠君爱国、以名节自励的士气大受挫伤。第二件事为正德后期的"南巡风波"。其时刘瑾虽然被诛，但武宗对奸佞的宠幸不衰，且玩乐无度，对自己毫不检点和约束，恣意妄为。皇帝放纵自己，行为荒唐，有损皇帝的尊严和国家的形象，引起群臣们的不安。当正德十五年（1519）武宗下诏准备南巡时，群臣们采取了激烈的行动来阻止这次巡行，轮番上疏劝谏，表现了对帝国的一片忠诚。但他们或被罚跪，或被廷杖，或被贬谪，或被夺俸，或被除名，或被戍边，其中被廷杖至死的达十四人。这是对以忠君、

爱国、克己、爱民为己任的士人的又一次沉重打击。第三件事便是嘉靖世宗皇帝的严苛和暴虐。他"威柄自操，用重典以绳臣下"，臣子们一有过失就被拷掠、被罢免，而有功之官员也是"功高赏薄，起蹶靡常"。同时他又重用像严嵩这样的柔媚、奸佞之徒，使之专掌国政二十年。这三件事，对士人群体而言，无论从肉体上还是精神上，打击和摧残实在太大了。拳拳忠心，换来的是残酷的刑罚，哪还会有多少人再做愚忠的臣子呢？带着悲哀乃至悲凉的情绪，带着对理想和现实之间差距的思索和苦闷，带着对世俗生活的热望和渴求，不知不觉中士人的精神风貌、价值取向、人生理想都发生了变化。以天下为己任、维护大一统政权，不再是全体士人的基本人生理想和立身之本，士人们忠君爱国的观念逐渐淡薄，开始走向自我体认。

正嘉以后，士人们从热衷功名到有人绝意仕进、有人弃官不就、有人不应科举，并出现了许多名士、狂士、山人和隐士。他们或任情放纵，以诗酒、声色自娱；或追求一种宁静的精神境界，怡情于山水之中；或力求生命价值的延续和超越，求仙和狂禅，在以自我为中心的感情世界里尽情地享受着人生。

这时的士人们面临着人生的选择。仅就宁波城里而言，这样的官员很多，其各有各的不同选择。有像徐渭一样的得妄想型精神分裂症的书法家、藏书家丰坊，有纵情于诗酒、寄情于山水的文学家屠隆，也有居于家乡与范钦一起"投闲啸咏"的张时彻、屠大山。但范钦的选择更理智、更健康、更有益，他的主要精力不是放在文学创作上，而是投入到访书、理书中去，从而成就了一位伟大的藏书家。

三、范钦创建天一阁

范钦旧有藏书处曰"东明草堂"。由于范钦家居后全力投入到藏书的搜集与整理工作中，图书数量激增，于是便有了专构的藏书楼——天一阁。古代私人藏书楼为数众多，若深入考察，其中却有"实构"与"虚拟"两种情况。所谓"虚拟"，即虽有藏书楼的名称，而实际上并非真的专构楼堂以庋书籍。有的是在自己的居所辟一专室藏书，有的是将书籍藏于书主读书治学的书斋，有的甚至是随居室放置。历史上藏书楼虚拟的成分居多，范钦的"东明草堂"就属此类，既会客，又读书，也藏书，而天一阁就不同了。

天一阁建于范钦住宅的东面，其建筑时间尚难确证，约在嘉靖末年。据今人骆兆平先生在《天一阁丛谈》中考证，当在范钦辞官归里的嘉靖三十九年冬之后的嘉靖四十年（1561）至嘉靖末年（1566）之间。考虑到范钦去官归里后有一个心理调适过程和藏书的进一步积累过程，笔者倾向于建阁时间为清高宗弘历于乾隆四十年（1775）所作的《文源阁记》中关于天一阁"建自嘉靖末"一说，即嘉靖四十五年（1566）。

关于藏书楼的命名，一般都包含着丰富的文化内蕴，反映出藏书家不同的志向、情趣、修养、操行以至收藏的情况。一般的藏书家也会以文学的形式对书楼的命名作一解释。但我们迄今还未从范钦的著述中找到它的依据。第一位为之撰写《天一阁藏书记》的黄宗羲在洋洋洒洒的记述中也未曾提到。最早提到的是撰写于乾隆三年（1738）的《天一阁碑目记》。全祖望在记中写道："阁之初建也，凿一池于其下，环植竹林，然尚未署名也，及搜碑版，忽得吴道士龙虎山天一池石刻，元揭文安公所书，而有记于其阴，

大喜，以为适与是阁凿池之意相合，因即移以名阁。"全祖望的这一解释有一点令人生疑，即先有"天一地六"的建筑，再有偶然的发现而命名为"天一阁"，于情于理都不通。从范钦刻意安排"天一地六"这一建筑结构来讲，应先有命名，至少是在建阁之前阅读过《天一池记》碑拓，而不是在建阁之后。

范钦不仅仅读了《天一池记》，还应该读了郑康成注的《周易》，因为在《天一池记》中只有"天一生水"之说，没有"地六成之"之语，只有

东明草堂

郑康成注的《周易》才有这两句话八个字。郑康成在《周易·系辞》下注云："天一生水于北，地二生火于南，天三生木于东，地四生金于西，天五生土于中。阳无耦，阴无配，未得相成。地六成水于北，与天一并，天七成火于南，与地二并，地八成木于东，与天三并，天九成金于西，与地四并，地十成土于中，与天五并也。"范钦作为科举出身的官员，自然读过《周易》，他对天一阁的设计和命名是经过深思熟虑的，绝不是在建阁后"忽得吴道士龙虎山天一池石刻"才命名的。

天一阁

至于后人常说的取《易经》中"天一生水，地六成之"之说，作为一种概括也未尝不可。此种说法最早见于高宗弘历之《文源阁记》，其记云："藏书之家颇多，而必以浙之范氏天一阁为巨擘，因辑《四库全书》，命取其阁式，以构庋贮之所。既图以来，乃知其阁建自明嘉靖末，至于今二百一十余年。虽时修葺，而未曾改移。阁之间数及梁柱宽长尺寸，皆有精义，盖取'天

天一阁前假山

一生水，地六成之'之意。"于是这一简洁明了的解说便流传开来，直至今天。

天一阁的建筑初看极为普通，与江南一般民居无甚区别。仔细观察，便会发现它是六开间，有别于寻常建筑的三开间、五开间、七开间，这是"地六成之"观念的反映，而它楼上的一大通间，则是"天一生水"观念的反映。对书楼建筑最早的具体描述，是江南三织造之一的杭州织造寅著受高宗指

宝书楼

派来天一阁调查后所作的汇报材料。其文短小精悍，颇能说明问题，不妨移录：

天一阁在范氏宅东，坐北向南。左右砖甃为垣。前后檐，上下俱设门窗。其梁柱俱用松杉等木。共六间：西偏一间，安设楼梯。东偏一间，以近墙壁，恐受湿气，并不贮书。惟居中三间，排列大橱十口；内六橱，前后有门，两面贮书，取其透风。后列中橱二口，小橱二口。又西一间，排列中橱十二口，橱下各置英石一块，以收潮湿。阁前凿池。其东北隅又为曲池。传闻凿池之始，土中隐有字形，如"天一"两字，因悟"天一生水"之义，即以名阁。阁用六间，取"地六成之"之义。是以高下、深广及书橱数目、尺寸，俱含六数。特绘图具奏。

就是这样一幢形制普通的藏书楼，因为它的历史久远，因为它有"天一生水，地六成之"的神秘含义，后来不仅为皇家所仿造，民间也纷起效尤。

四、天一阁的历史地位

"君子之泽，三世而斩。"中国古代藏书楼大多不数传而散，而天一阁至清初黄宗羲登阁，"从嘉庆至今，盖已百五十年矣"，已引起了人们的广泛关注，开始探究它"藏书久而不散"的原因。黄宗羲认为，"范氏能世其家，礼不在范氏乎？幸勿等之云烟过眼，世世子孙，如护目睛"，强调了世守精神，但未曾展开。到了乾隆修《四库全书》时，因建筑庋藏之所，对天一阁何以能久也十分关心。乾隆三十九年六月二十五日谕中云："闻其家藏书处曰天一阁，纯用砖甃，不畏火烛。自前明相传至今，并无损坏，其法甚精。"在《文渊阁记》中云："既图以来，乃知其建自明嘉靖末，至于今二百一十余年，虽时修葺，而未曾改移，阁之间数及梁柱宽长尺寸皆有精义，盖取'天一生水，地六成之'之意。"并认为"天一生水，地六成之"为"压胜之术，意在藏书。其式可法"。故"书楼四库法天一"，庋藏《四库全书》的七阁均模仿天一阁。乾隆分析天一阁能久远的原因，重在建筑结构所具有的"压胜之术"，显然未找到点子上，但显示了他对天一阁"能久"之原因的重视。

第一个全面、系统分析天一阁"能久"之原因的是嘉庆年间曾任浙江学政、巡抚并多次登阁的阮元。阮元认为天一阁之所以"能久"，原因有三，"不使持烟火者入其中，其能久一也。"图籍的损坏，除禁毁、兵燹、变卖、借而不还、失窃等人为因素外，自然灾害也是造成藏书亡佚的重要原因，

范氏禁牌一

煙酒切忌登樓

范氏禁牌二

子孫無故開門入閣者罰不與祭三次
私領親友入閣及擅開書廚者罰不與祭一季
擅將藏書借出外房及他姓者罰不與祭三年目
而典押事故者除追懲外永行擯逐不得與祭

范氏禁牌三

閣上故貯宸翰秘書得賜縢圖凡登閣者各宜祗慎
母得輕褻
司馬公藏書歷三百載乾隆甲午年間荷蒙繪圖
漫擡進呈疊叨恩賜獎勵俾達祖德澤彌彰凡

天一阁禁牌　　　　　　　　"烟酒切忌登楼"牌

而火灾造成的损失最为严重。国家藏书和私人藏书毁于火灾的史不绝书，这里不再一一列举。天一阁由于"构于月湖之西，宅之东，墙圃周围，林木荫翳。阁前略有池石，与阛阓相远，宽闲静谧"，且"烟酒切忌登楼"，消除了自然灾害因素中最严重的隐患。天一阁"能久"的第二个原因是管理措施的严密和处罚的严厉。阮元认为"司马殁后，封闭甚严，继乃子孙各方相约为例，凡阁厨锁钥，分房掌之。禁以书下阁梯，非各房子孙齐，不开锁"。由于阁书为家族公有共管，相互制约，个人难以处理，同时又有严厉的惩罚措施。阮元首次在文献中记录了天一阁"禁约"："子孙无故开门入阁者，罚不与祭三次；私领亲友入阁及擅开厨者，罚不与祭一年；擅将书借出者，罚不与祭三年；因而典鬻者，永摈逐不与祭。"阮元由此得出结论："其例严密如此，所以能久二也。"以上两点是从管理方面入手进行分析，而制度是人定的，需要人的遵守，否则就是一纸空文。至阮元登阁时，范氏子孙在功名、学识方面尚具有一定的社会地位和经济地位，能遵守古训，维护藏书。阮元认为："范氏以书为教，自明至今，子孙繁衍，其读书在科目学校者，彬彬然以不与祭为辱，以天一阁后人为荣，每学使者按部必求其后人优待之。自奉诏旨之褒，而阁乃永垂不朽矣。其所以能久者三也。"这是阮元多次登阁、认真分析的结果，到目前为止，对天一阁"藏之久而不散"原因的分析，尚无从根本上突破阮元的三点论。

天一阁迄今已岿然独存了430余年，成为我国现存最早的民间藏书楼，在中国藏书史上有着极其重要的地位，成为中国古代私人藏书楼的典范和中国藏书文化的象征。至于天一阁在世界图书馆史上的地位，也早有人探究。新中国成立初期在天一阁工作的马涯民先生在其《天一阁记》中曾认

为天一阁在世界图书馆史上排名第三，遗憾的是未曾展开。1996 年 12 月在天一阁召开的天一阁及中国藏书文化研讨会上，由武汉大学图书情报学院黄宗忠教授主持的课题研究组提交的报告认为，天一阁是亚洲现存历史最久、连续发展并保存原貌原样、具有独立实体的图书馆，同时也是现存世界上最古老的三个家族图书馆之一。由此使天一阁在世界图书馆史上的重要地位进一步得到确立。

第二篇 藏书数第一家
——天一阁藏书的来源和特色

据天一阁范氏家谱记载，范钦藏书达 7 万余卷。经民国初年的失窃，只剩 1.3 万余卷。此前，历代专家学者对于天一阁藏书的关注和研究重在经部及孤本、抄本、碑帖。民国以后，由于传统经学的衰落，加之天一阁藏书的大量散佚，天一阁藏有的明代方志和科举录由于缪荃孙、冯孟颛等人的推崇，始受广泛重视。自此以后，言天一阁藏书特色必曰地方志和科举录。其实这只是天一阁的特色之一，或曰遗存书的特色。

一、收藏理念

自宋以来，我国出版事业发达，图书浩如烟海，任何一位藏书家都不可能毫无选择地收集一切图书加以典藏。人们在收集图书的时候，都自觉地或不自觉地执行着一定的标准，都具有选择性。一般而言，收藏图书以适用为最基本的标准，而适用则以目的为旨归。私人藏书，由于收藏的目的彼此间有很大的差异，所以搜集图书的标准也相当复杂。一般士子都视

天一阁北书库

参加科举博取功名为正途，藏书重在正经正史；一些知识分子不以功名为意，而以读书、治学、写作为乐，他们收集图书的标准往往突破（主流）传统观念，或兼综四部，或各有专藏，而这恰恰是私家藏书的特点与价值所在；有的藏书家则偏重收集某类图书，形成专藏，如文学作品、地方志、乡邦文献，往往成为专藏的对象；有的则根据读书治学的需要来收集，还有的侧重形式，如宋元善本，也有以纸张为收藏标准的，不一而论。

范钦作为科举出身的一名官僚，走的也是广大士子梦寐以求的"学而优则仕"的道路，他不可能离开当时的社会历史环境去建立他的理想藏书王国。范钦是一位兼容并蓄、兼综四部而又有专藏的藏书家。作为由近百年以来的明朝法律和程朱理学的道德观念所培养出来的，对大明帝国忠心耿耿的一名官僚，范钦也是收藏正经正史的。孙庆云《藏书纪要》云："藏书之道，先分经史子集四种，取其精华，去其糠秕，经为上，史次之，子集又次之。……所以书集首重经史，其次子集。"叶德辉《藏书十约》中也有类似的表述。范钦岂能免俗，他也"喜收说经诸书"。从这一点上讲，说范钦是现实主义的藏书家，也许更为客观。在民国以前的有关天一阁的藏书目录中，这种情况是有明显反映的。

当然，范钦现实主义藏书观的另一表现，是他对于明朝当代文献资料的重视，这也是我们一直津津乐道的。除了成规模的明代地方志和科举录外，尚有许多明代史料，如《国子监监规》、《军令》、《营规》、《大阅录》和时人的传记、诗文集等。地方志和科举录，向不被人重视。史学大师黄宗羲在清初为《天一阁编目》时，把地方志与类书、时人之集、三式之书一样看待，没有把它编入书目。而科举录，至薛福成在光绪十年（1884）

主编《天一阁见存书目》时，也弃置不录。地方志和科举录价值的凸显，大约在20世纪30年代初，一方面是由于天一阁正经正史的大量散佚，另一方面则是由于国内明代地方志和科举录保存的稀见，加之著名版本学家赵万里先生的大力推崇，认为"天一阁之所以伟大，就在于能保存朱明一代的直接史部"，

藏书家冯孟颛专为地方志和科举录编简目，使天一阁藏的地方志、科举录声名大振。

天一阁新书库内景

近代以来天一阁收藏地方志和科举录的声誉日隆，使人们误以为范钦独钟情于此，其实不然。如前所述，范钦收藏正经正史外，他也收藏有许多善本，如各种宋元刻本和明铜活字本，均弥足珍贵，他还收藏"自三代

迄宋元，凡七百二十余通"的碑帖。因此，对于范钦的收藏观，我们要历史地看，科学地看，不能只从遗存的 1 万余卷天一阁原藏书中去看，把范钦的藏书简单化了。

二、藏书来源

对于藏书的收集之道，历来有学者进行系统地总结，尤以宋代郑樵的"求书八道"最为著名：一曰即类以求，二曰旁类以求，三曰因地以求，四曰因家以求，五曰求之公；六曰求之私，七曰因人以求，八曰因代以求。归纳起来，不外乎抄录、购买、继承、征集四条渠道。而私人藏书的来源，最主要的是抄录和购买。范钦的藏书亦然。

天一阁藏明抄本

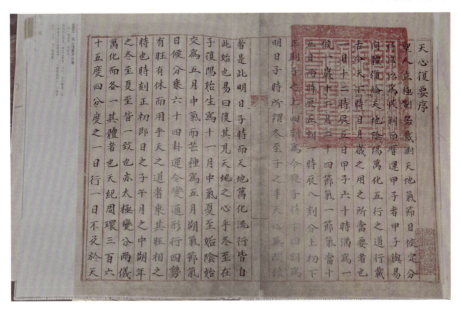

全祖望《天一阁藏书记》（木刻）

抄录是图书最原始、最基本的复制方式。在雕版印刷术发明以前，我国的图书是靠抄录来传播的；在雕版、活字排版印刷术发明以后，抄录仍然被广泛应用。这是因为并非所有的图书都能够采用雕版印刷或活字排版印刷的方式广泛传播。有时抄录比购买印本图书更方便、更经济，而且抄书也是一种学习方法，所以抄录始终是中国古代公私藏书的一种重要收集方式。范钦曾与太仓藏书家王世贞有书籍互相借抄之约，他们互相交换书目，各抄所未见之书。范钦借抄之广，不限于一时一地，他还曾向扬州太守芝山借抄。天一阁在范钦时代在藏书家之间是互相开放的，比明末清初曹溶的《流通古书约》、丁雄飞的《古欢社约》所提倡的藏书互抄要早得多。

遗憾的是范钦这一光辉思想历来被人忽视，或者说因后来天一阁的相对保守而遮掩了。

购买图书是丰富藏书最基本、最有效的方法。我国早在东汉就有了书肆，到宋代由于雕版印刷术的蓬勃发展，图书的出版发行工作也达到了一个崭新的水平，为藏书家队伍的崛起打下了基础。明代雕版印刷、活字印刷技术更为普及，书商的活动范围更加广泛，图书市场的规模也更大，购书更方便。范钦宦迹之地是如此之广，江西、广西、福建、云南、陕西、河南、广东都曾留下他的足迹；官运也算亨通，为他在各地书肆收购当地地方志、乡试录等创造了条件。范钦的家乡浙东四明古称"文献之邦"，自宋以来藏书之风蔚起，然"君子之泽，三世而斩"，书肆上也常有故家散出之书，范钦购入的丰坊万卷楼、袁忠彻静思斋之书便是。购买是范钦藏书的最基本来源。

此外，范钦藏书中也有朋友所赠的，如《赵圉令碑》，但比例不会很大。

关于范钦购入丰坊万卷楼之说，这里不得不再花费些笔墨。此说源于全祖望的《天一阁藏书记》。其文曰："是阁肇始于明嘉靖间，而阁中之书不自嘉靖始，固城西丰氏万卷楼故物也。"由于全祖望乃浙东"深宁（王应麟）、东发（黄震）后第一人"，是清代浙东史学派的殿军，在全国尤其在浙东享有崇高的威望，其说一直使人深信不疑，也不问其据于何处。直到本世纪初，才有人提出疑问，此人便是林集虚。

林集虚，本名昌清，字乔良，号心斋，鄞县人。生卒年及仕履不详。自少从其父以鬻书为业。他好古搜遗，以足其所藏。故家之沦坠不振而出其所藏以求者，往往交于其肆。且售且鬻，久而久之，林集虚便能辨版

全祖望《天一阁藏书记》（木刻）

之真赝。他自己也从严收藏，积三十年之功，所蓄渐富。其所藏善本有150余部、1173卷，中有元至大杨桓《六书统》二十六卷、《六书统溯源》十三卷、姚燮稿本《疏影词续钞》一卷等，余多为明刻本。林集虚于1928年7月22日登阁，邀镇海吴文莹、范钦十二世孙范盈实、别宥斋主人朱鼎煦协助写录，以十日为限，匆促而成《目睹天一阁书录》四卷、附编二卷。虽然时间匆匆，但他总算对天一阁藏书有了直接的接触和了解，他在写编目缘起的同时，又撰写了《辩

天一阁藏书非丰氏万卷楼旧物》一文，对全祖望的"天一阁藏书为'固城西丰氏万卷楼旧物'说"提出了质疑，其主要理由有两点。一为在全祖望之前，无论是范钦自己还是后来的黄宗羲等人都未言及范钦从万卷楼抄书和购入万卷楼遗书之事，全氏之说据在何处，不得而知。二为天一阁遗存的书籍中从未发现丰氏万卷楼的图书章，而一般的藏书家都会在自己的图书上盖上自己的印章。丰坊也不例外，他的藏书印记颇多，有"清敏公家"、"发解出身"、"南禺外史"、"四明人翁"、"天官大夫"、"丰氏人季"、"鄞丰氏万卷楼图书"等。而天一阁藏书中无一颗丰氏藏书印。据此二点，林集虚认为"天一阁藏书非丰氏万卷楼旧物"。

笔者以为，林集虚的两点怀疑不无道理，但尚不足以得出如此的结论。因为丰氏藏书"为门生辈窃去者几十之六七，其后又遭大火，所存无几"，这"所存无几"的书，即使售于范钦，也可能早已流失。因为天一阁的藏书，到林集虚编目时，也早已流失十之七八，所以不见丰氏万卷楼旧物也不足为怪。另外，丰坊曾将其碧园和万卷楼刻石售于范钦，有他亲笔所写："碧园、丰氏宅，售与范侍郎为业。南禺笔。"为证。且今天一阁尚存丰坊万卷楼刻石多方。据此推论，丰坊售书于范钦也是可能的。目前的问题只是，把丰坊售于范钦的"所存无几"的书作为天一阁的一大藏书来源或重要藏书来源是否合适？笔者以为它在天一阁的藏书总量中所占极为有限，只是范钦收集的众多故家散出之书中的极普通的一家，像全祖望这样认为"固城西丰氏万卷楼旧物"，言之过矣。我们在研究天一阁藏书来源时，不应过分地突出它。

总之，以范钦宦游之广、嗜好之深，又垂老隐居，克享高年，其罗致

之富也不足为奇。

三、藏书特色

从流传下来的天一阁书目及各家所记天一阁藏书之精华，有五个特点：一、孤本多，如《周易要义》、《论语笔解》、《经义贯通》、《铜人针灸经》等；二、抄本多，天一阁影宋影元的精抄本有好几百种，为历来藏书家抄本之最；三、精校本多，有《太平御览》、《册府元龟》、《北堂书钞》等可与他本印证之书；四、明代文献多，尤以地方志和科举录最为有名；五、金石碑刻多，以宋拓石鼓文最有名。此五特点，当为天一阁藏书未大量流失前之特点。随着阁书从7万卷减至1.3万卷，以及人们对于史部类书的重视，天一阁的藏书特点发生了极大的变化，地方志和科举录成了天一阁遗存书中的双璧，以至于我们今天言天一阁藏书，必曰地方志和科举录。

1. 地方志

地方志卷帙浩繁，内容丰富，是我国文化宝库中的一份瑰宝，也是世界文献中独特的著作。编纂地方志，如果从它的渊源即《禹贡》、《山海经》等著作算起，迄今已有两千多年历史，可说是源远流长，而且是代代相传的。据统计，我国历代编修的地方志现存八千五百多种，近十一万卷，占了我国整个古籍的十分之一，为正史《二十四史》三千二百余卷的三十倍，这是我们的先人留给我们的一笔弥足珍贵的重大财富。

浙东素称"方志之乡"，方志编纂的时间早，数量多，质量好。"一方之志，始于越绝"，自从《越绝书》问世以后，从汉魏至隋唐，浙江地方

天一阁藏明代地方志

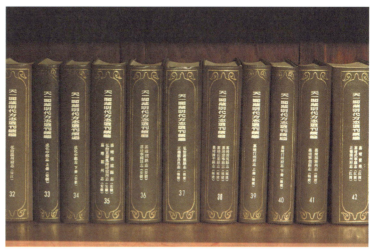

史志的编纂一直受到重视，成为浙江文化的一个重要组成部分。特别是宋代，浙江的地方史志的编纂进入了一个崭新的历史发展阶段，不仅志书门类齐全，内容丰富，体例完备，而且数量也居全国之最，使浙江方志的编纂跃入先进之林，处于全国领先的地位。南宋时期浙江志书流传至今的尚有 17 种，而全国宋元志书流传到现在的，约有 40 种，其中南宋有 28 种，可见南宋浙江修志之盛。而这 17 种中，较著名的《会稽二志》及《剡录》、《乾道四明图经》、《宝庆四明志》及其《续志》、《嘉定赤城志》和《菌谱》均属反映浙东各地的地方志，也可见南宋浙东各地修志情况之一斑。而浙东的藏书家，也由此养成了搜集、整理、收藏地方志的优良传统。

到了明朝，方志更引起朝廷的重视，大为盛行。洪武、永乐、正统、景德间，朝廷遣使，文移天下修志，进文渊阁。永乐十年（1412）为修《一统志》，颁降《修志凡例十六则》。永乐十六年（1418）诏修天下郡县志书，命礼部遣官遍诣郡县，博采事迹及旧志书。同年又颁降《修志凡例》，分建置、沿革、分野、疆域、城池、山川、坊郭、镇市、土产、贡赋、风俗、户口、学校、军卫、郡县、廨舍、寺观、祠庙、桥梁、古迹、宦迹、人物、仙释、杂志、诗文二十五类。这些条例是宋元以来纂修方志的经验成果。以后明清两朝方志项目虽或有增损，而大致不出此二十五类范围，成为方志的定型。所以这两次颁降条例，对后世影响很大。嘉靖初年又诏郡县修志。因为政府的提倡，所以各省府县都大力奉行，方志如雨后春笋，在史部中由附庸至蔚为大国，不特省有省志，各府、州、县，以至一乡、一镇，多有专书。方志又是连续性出版物，同一府、州、县往往一修再修以至于三四修，不特于内地，边远如辽东、琼州、云南亦各有志。

　　方志通称官书，动用地方公款，聘请当地名儒纂辑，间有出于地方官的手笔。志书有的多至一百余册，也有薄薄一本的。明方志均为木刻，只有正德《东光县志》是铜活字本，已佚。

　　明代方志，《明史艺文志》著录约三百四十种，黄氏《千顷堂书目》则有一千五百种。清乾隆间杭州赵昱（谷林）小山堂藏书甲一部，有明以前地志已及千种。现国内尚存九百余种，以嘉靖、万历各三百余种为最多，弘治、正德、崇祯各五六十种次之，隆庆、天启各二三十种又次之，成化志约十余种，成化以前的已极少见。北京图书馆藏有三百余种，天一阁原藏四百余种，现存二百七八十种，多为嘉靖本。余散在各省市及美国、日本图书馆。

　　范钦受南宋以来浙东藏书家的影响，也继承了收藏地方志，尤其是明代当代地方志的习惯。天一阁原藏明代方志 400 余种，现存 271 种，其中 164 种在《中国地方志联合目录》和《台湾公藏方志目录》中为仅见之本，可称为海内孤本。这批明代方志，纂修于嘉靖年间的有 185 种，约占总数的 70%，修于嘉靖以前的有 55 种，修于嘉靖以后的 31 种。由于明代以前方志多已失传，阁藏明代方志中有 172 种已成为各地纂修的方志中现存最早的志书。我馆骆兆平先生《天一阁明代地方志考录》，述之颇详，可资参考。

　　方志因为记录了一方的大事、地理山川、天文气象、动植矿产、经济政治、文化、人物传记及调查统计资料，可说是地方的百科全书，是研究我国社会科学、科技资料的宝库。古时地方官下车伊始，即索阅方志，以了解当地情况，作为施政参考。近年来，全国普查矿产、地震、天文气象资料，亦无不以方志为首要依据。过去帝国主义者为掠夺中国财富，调查

各地社会情况，在北京等地大量抢购方志，因此有的方志在国内已失传，而在日本、美国图书馆却可找到。

天一阁明代地方志保存状况完好。虽经历了四百多年，但大部分仍然笔墨精湛，触手如新，一般作包背装，也有蝴蝶装和线装的，保持着明代书籍的装帧形式，展卷悦目，令人爱不释手。为了便于地方志"古为今用"，前天一阁领导英明决策，先后于1961~1965年首次影印出版了《天一阁藏明代地方志选刊》107种，1989年开始，又陆续影印出版该书续编109种。这批珍贵文献在新中国的首次方志纂修中发挥了巨大的作用，同时也使天一阁馆藏的明代方志的原始载体得到很好的保护，一举两得。

2. 科举录

天一阁遗存书中的第二大特藏为科举录。诚如骆兆平先生在《天一阁丛谈》中所言，我国历代科举考试的文献，以明代保存得最完整，明以前各代已属寥寥，开科多，而所存也不及明代的五分之一。现存明代科举录的百分之八十收藏在天一阁里，所以，明代科举录的大量存世，不能不说是天一阁的一大功劳。

明朝凡能做好八股文的，就可考中秀才、举人、进士，故士子梦寐以求者为中举、登进士第。所谓"十年寒窗无人问，一举成名天下知"，金榜题名、状元及第（殿试头名），更为无上光荣，而连中三元，尤其罕见，宋朝凡三人，明朝只有浙江淳安商辂一人。其实历代状元多徒有空名，明朝状元中比较有学问的只有杨慎、焦闳等数人。世人多知余姚王守仁（阳明），而其父状元王华反默默无闻。然明清重进士出身，视为正途，其飞

黄腾达为卿相者，多属此辈。明初状元江西人不少，后多为江浙人，据统计，洪武四年至万历四十四年（1371~1616），此240余年间，会元三及第共有240人，其中南直隶（江苏、安徽）占66人，浙江、江西各38人，福州31人，北方只有29人。清朝中三鼎甲者也以江苏、浙江为最多，乾隆帝曾说："江、浙为人文渊薮之地"，确系事实。嘉靖初进士每科约取三四百名，登第者不但在北京国子监立进士题名碑（历科石碑今均存于北京国子监），又由礼部刊行《登科录》。

宋朝已有《登科录》。登科录是记载进士的名册，一称《进士履历便览》，

天一阁藏明代科举录

或称《进士同年序齿录》，又称《进士同年便览录》，相当于近代学校的毕业《同学录》。内容有殿试一甲、二甲、三甲全部约数百名进士的名单，每人名下注明籍贯、字号、排行、生年月日、年岁，曾祖、祖父母、兄弟的名字、简历及娶某氏。进士的生日与三代脚色，是正史、方志上找不到的。其中又附载考试题目及状元、榜眼对策原文。

《会试录》刊载每逢辰、戌、丑、未年全国举人赴京礼部（相当于今教育部）会试中式的举人名单。每科二百余或三百余名，第一名俗称会元。该书也由礼部刊行。

元朝已有《江浙行省乡闱纪录》的刊行（至正十九年）。明朝《乡试录》由顺天府（北京）、应天府（南京）及十三省刊行，录三场题目及考试官、弥封官、搜检官等职事官名。每逢子、午、卯、酉年，各省秀才两三千人甚至万人赴省城应试，有一定中式名额，如浙江、湖广（今湖北、湖南）两省各约九十名，第一名即为解元。

《武举录》由兵部刊布，《武举乡试录》由各省刊行。然明清两朝重文轻武，武举人、武状元不如文者受重视。

明朝自洪武三年（1370）下诏开科取士以来，迄明末共开八十八科（洪武六年至十六年，为杜虚应试，曾停开科举十年）。明代距今相对较远，故科举录之传世者视宋两朝为多。范氏天一阁藏有洪武四年至崇祯十三年登科录51种，会试录38种，各地乡试录较多，约280种，共390余种，多为成化以后的。又有武举录11种，武举乡试录8种，均为嘉庆、隆庆、万历本。其他地方的收藏情况，有目录可稽者如下：北京图书馆藏明代登科录15种，会试录7种，乡试录38种；台湾中央研究院藏明代登科录、

会试录、乡试录共 23 种；台湾国立中央图书馆藏 30 种；前国立北平图书馆所藏、今国立中央图书馆代藏者 36 种；美国国会图书馆藏 13 种。其他地方或偶有零星所藏。今国内藏此类书以天一阁为首屈一指，其所藏 370 余种，其中 90% 以上为孤本。其实天一阁所藏科举录在明代即已有名。明无锡人俞宪编《皇明进士登科考》十二卷，其序说："各科有缺略，不能衔接，或谓四明范氏藏录最多，盍就询之。辗转乞假，果得补全。"

科举录在当时只为政府之人事档案，不为人所重视。及至近代，以其详载一人之家世，且为最原始之资料，每以之为考订传记之资，日益受到重视。惟至今尚未被人充分利用，实属遗憾。

四、阁藏古籍

版本学是研究各种图籍的刊者、校者、售者、藏者、年代、版次、纸张、墨色、字体、刀法、藏章印记、行款版式、封面牌记、款识题跋、刻印源流、真伪优劣以及传抄情况等问题的学问。版本一词由"版"与"本"组合而成。"版"的名称源于简牍，"本"的名称源于缣帛卷轴。雕版印刷发达以后，把印本书称为"版"，而称未雕的写本书为"本"。将版本两字连缀成一个固定名词则始于宋代，成为雕版书和手抄书的合称。到了近代，版本的含义更为广泛，不仅包含雕版印刷的书籍，非雕版的影印、石印、拓印、铅印、晒印、钤印也都包含在内。今天所说的版本是指一书经过多次传写或印刷而成的各种不同的本子。这里先介绍古籍意义上关于善本、孤本、珍本的概念。

善本：凡是内容较好，流传较少，刻印较精，无错讹脱漏，具有较高

的历史文物性、学术资料性、艺术代表性的古籍，无论旧椠近刻、新旧稿本、抄本、批校本等，均可称为善本。

孤本：古籍中仅有一本，或某刻本中仅有一本，或某古籍只有一种刻本，或未刻的手稿、碑帖仅有一份在国内流传的，通称孤本或海内孤本。

珍本：古籍中刻印较早、流传较少，或文物价值较高的珍贵印本。

天一阁是我国古籍文献的重要收藏单位。据《全国善本书目》收录天一阁古籍的统计，共收录善本：经部160部，史部1009部，子部263部，集部645部，丛部22部，计2099部。其中孤本：经部92部，史部782部，子部121部，集部278部，丛部2部，计1175部。而天一阁独有的则有：经部36部，史部698部，子部63部，集部135部，丛部1部，计932部。

菁华小记：

1.《官品令》：内容系唐《令》、宋《令》。原为三十卷，分别为官位令、职员令、后宫职员令、东宫职员令、家令职员令、神祇令、僧尼令、户令、田令、赋役令、学令、选叙令、继嗣令、考课令、禄令、宫卫令、军防令、仪制令、衣服令、营缮令、公式令、仓库令、厩牧令、医疾令、假宁令、丧葬令、关市令、捕亡令、狱令、杂令。天一阁藏《官品令》为明乌格抄本，存十卷（卷二十一至三十），一册。分别为田令、赋令、仓库令、厩牧令、关市令附捕亡令、医疾令、狱官令、营缮令、丧葬令、杂令。此虽为残本，却系失传的唐《令》、宋《令》。唐《令》是唐朝四大法典——律、令、格、式之一。自宋以后，除唐律尚存外，令、格、式均已散佚，仅在史籍中存有片断。唐《令》对日本古代法典——《养老令》有重大影响，后者基本

上取自前者。现存日本《令》也缺少最后数卷。宋《令》也在后世失传。天一阁藏《官品令》，虽仅存十卷，却是两令中的最重要部分，有关经济方面的法规都在这十卷中。如唐朝的土地法（均田令）、赋役法（租庸调制）等，其中许多条文是过去没有见过的。这个抄本无论对唐宋历史的研究，还是对我国古代法制历史的研究，或是对日本古代律令制度的研究，都具有非常重大的意义。日本著名学者池田温认为，天一阁抄本的发现，标志着"唐令复原研究进入了一个新的阶段"。

2.《集韵》：旧本题宋丁度等奉敕撰。前有韵例，称"景祐四年太常博士直史馆宋祁、太常丞直史馆郑戬等建言陈彭年、邱雍等所定。《广韵》多用旧文，繁略失当，因诏宋祁、郑戬与国子监直讲贾昌朝、王洙同加修订，刑部郎中知制诰丁度、礼部员外郎知制诰李淑为之典领。"晁公武《读书志》

《集韵》

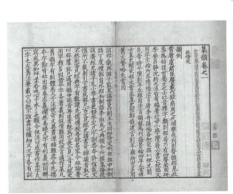

记载亦同。然考司马光《切韵指掌图·序》称:"仁宗皇帝诏翰林学士丁公度、李公淑增崇韵学。自许叔重而降,凡数十家,总为《集韵》。而以贾公昌朝、王公洙为之属。治平四年,余得旨继纂其职。书成,上之,有诏颁焉。尝因讨究之暇,科别清浊为二十图"云云。则此书奏于英宗时,非仁宗时,成于司马光之手,非尽出丁度等也。其书凡平声四卷,上声、去声、入声各两卷。共五万三千五百二十五字,视《广韵》增二万七千三百三十一字。

《集韵》宋刻本存世的有两部,一存于北京图书馆,一存于日本内阁文库图书馆。天一阁藏为明汲古阁毛氏影宋抄本,与另两部不同。毛晋(1599~1659),是明末清初的著名藏书家,他的汲古阁因富藏宋元珍善本及精抄精刻书而闻名于世。抄书是毛晋收集秘册的一种方式。凡遇世所罕见而自己不可得的书,总是千方百计地借来,选抄匠中善者,挑好纸佳墨影抄。世人称为"毛抄"。毛抄抄写工整,与原刻酷似,非细审不能辨。尤其是其中影宋抄,追慕宋刻近乎逼真,使"宋椠之无传者赖以传之不朽",被孙从添誉为"古今杰作"。天一阁藏毛氏影宋抄本《集韵》,书首钤有"希世之珍"、"毛晋私印"、"宋本"等印记26方。有学者阮元、段玉裁跋,称之为"真希世之珍也"和"精乎真者也"。

3.《鲁班营造正式》:六卷,为南方建筑之术书,是研究中国建筑史的重要著述。成书之时,当在永乐以后。明焦闳《经籍志》曾著录。天一阁藏为明中叶刻本,一册,卷首缺页,卷五全缺,其他几卷亦多残缺。共存三十六页,内插图二十幅。虽然残缺,但"依其图式,推求明以来南方住宅、祠庙结构之变迁,亦足为研究我国建筑史之一助也"(刘敦桢语)。而且此书为今日所存最早刊本,晚出者如明万历刻本《鲁班经匠家镜》、

崇祯本《鲁班经匠家镜》、清代刻本《新刻京版工师雕镂正式鲁班经匠家镜》、《新镌工师雕戬正式鲁班木经匠家镜》等诸种及坊间石印本，具内容颇多出入，而以天一阁本为祖本。1937年11月，浙江省举办文献展览会，天一阁提供部分展品，公之于世，中有此书，遂有抄本流传。1988年上海科学技术出版社据明刻本缩小影印出版。

4.《明史稿》：系史学家万斯同的手稿本和修改本，共12册，248篇，叙述明之列传、合传、附传者386人。12册中万氏手稿6册，誊录本经万氏修改者3册，1册首页题"徐潮具稿"，当是当年共同修史的徐潮的手稿，另有抄本两册，不知撰稿者为谁。现在我们笼统地称之为万斯同《明史稿》原稿。

清康熙十八年（1679）清廷开明史馆，昆山徐乾学之弟徐文元任总裁官，鉴于万斯同在明史研究中

《明史稿》

的成就，延万斯同赴京修史。但万斯同是有条件的，即"请以布衣参史局，不置衔，不受俸"。徐文元许之，自此客居京师之江南馆20年。与人往还只署"布衣万斯同"。

万斯同"不居纂修之名，隐操总裁之柄"，对《明史》的纂修作出了巨大贡献。陈训慈先生对其参与《明史》的经过有很好的概括，其文《清代浙东之史学》云："初季野既居京师，穷搜博讨，以十余年之力，成《明史稿》五百卷。其后客死京邸，所藏书悉落于钱名世氏，而《明史稿》则被王鸿绪取之去。鸿绪任史馆总裁，既得此本，竟攘为己有，略为损益，转抄成书，署为'王鸿绪著'，版心且印'横云山人集'（王之别号），进呈于朝。雍正时，大学士张廷玉任《明史》总裁，至乾隆元年奉诏刊定。自廷玉主修，即以王鸿绪史稿本而增损之，始刊定今之《明史》"。对万斯同《明史稿》、王鸿绪删定之《明史稿》和《明史》的关系交代得非常清楚。

万斯同原稿如何还乡，归藏天一阁，沙孟海先生对此有详尽的记述，其《万季野明史稿题记》曰："稿本原藏河南人周维屏家。1932年余备员教育部，周来南京，自言是辛亥革命老同志遗族，年前呈送此稿到行政院，申请政府购藏，以示抚恤。行政院发教育部处理。当时南京未成立中央图书馆，物主悬值又昂，因而悬案未结。余提看原件，审为名迹。念万氏是乡先哲，辄寓书甬上藏书家冯孟颛、朱赞卿二先生，结果经我居间，由赞老购藏。"

当时沙孟海意欲"楚弓楚得，当归甬上"，希望甬籍藏书家冯氏伏跗室或孙氏蜗寄庐收藏，由于两家"固拒"，最后由萧山籍藏书家朱氏别宥斋以900元购得。1979年朱氏家族将别宥斋藏书10万余卷、字画文物

1700余件捐赠给天一阁；因而万氏《明史稿》原稿也随之归藏天一阁，天一阁为此增色。

5.《仪礼注疏》：十七卷，汉郑玄注，唐贾公彦疏。其书自明以来，刻本舛讹殊甚。顾炎武《日知录》谓"万历北监本《十三经》中，《仪礼》脱误尤多"。盖由《仪礼》文古义奥，传习者少，注释者也代不及数人。写刻有讹，猝不能校，故纰漏至于如此。天一阁藏本为明万历南监本，乃顾广圻为汪士钟重刻宋景祐官本时，用朱笔精校，又据魏了翁《礼仪要义》校过。这是世上仅存的一部顾校本《礼仪注疏》底本。

顾广圻（1770~1839），字千里，号涧滨，别号思适居士，元和人。嘉庆诸生，受业于吴县江声，通经学、小学，尤精校雠，提出校勘古书要做到"唯无自欺，亦无书欺；存其真面，以传来兹"。经他校过的书，都具有较高的学术价值，被称为"顾校本"、"顾批本"。他与同时代的黄丕烈齐名，古籍善本一经他俩批校、题跋，立即身价百倍，被藏书家们视为拱璧。顾广圻曾为孙星衍、张敦仁、黄丕烈、胡克家、秦恩复、吴鼒等人聘为校书，先后校有《说文》、《礼记》、《仪礼》、《国语》、《战国策》、《文选》诸书，校勘精确，多附考异或校勘记于后，为人所称善。天一阁藏顾校本《仪礼注疏》就极其珍贵。

6.《崇文总目》：是一部宋代政府的藏书目录。宋仁宗景祐元年（1034），在四馆藏书的基础上，仿《开元四部录》，约《国史艺文志》，编修政府藏书目。参加编目的有王尧臣、聂冠卿、郭慎、吕公绰、王洙、欧阳修、张观、李淑、宋祁等。自景祐元年至庆历元年（1041），经过了七年，完成《崇文总目》六十六卷（宋代各书记载略有不同），叙录一卷。《崇文总目》仿

唐代开元年间所编《群书四总录》，每类有序，每书有提要。全书分经史子集四部、四十五类，著录书籍三万零六百六十九卷。《崇文总目》继承了自刘向、刘歆以来我国目录编纂的优良传统，仿《群书四部录》，编成有序有提要的目录，对宋代及宋代以后的公私藏书目产生了很大影响，起到了示范作用。《崇文书目》在宋代时还未有缺佚。可惜南宋以后，叙释被删，只存书目。明清两代，仅有简单的目录流传，只录书目，没有解题。清乾隆修《四库全书》时，也只好从明《永乐大典》中辑录出十二卷，已是残缺不完备之本。清嘉庆年间钱侗成《崇文总目》辑释五卷、补遗一卷，可以略窥《崇文总目》之原貌。而天一阁藏《崇文总目》为明蓝丝栏抄本，六十八卷，是一个足本，又是明代的抄本，其价值可想而知。

7.《和箫集》：不分卷，明阮大铖撰，万历四十三年（1615）刻本。阮大铖（约1587~1646），明安庆府怀宁人，字集之，号园海，又号百子山樵。万历四十四年进士。天启初由行人擢给事中，初倚左光斗，以升迁不如己愿，转而依附魏忠贤，任太常少卿。又惧其不足恃，每持两端。崇祯初，名列逆案，废为民。后居南京，招纳游侠，谋以边才召。复社名士为《留都防乱揭》逐之，遂闭门谢客。福王立，得马英士力，为兵部添注右侍郎，进尚书兼右副都御史。乃翻逆案，欲尽杀东林、复社及素不合者。清兵入关攻陷南京后，专主与清议和。阮大铖有文无行。通音律，有文才，尤以词曲及诗文见长，所撰传奇今存《燕子笺》、《春灯谜》、《牟尼合》、《双金榜》，以情节曲折见长，另有《永怀堂诗集》及传奇多种。天一阁藏《和箫集》是一部鲜为人见的孤本，对于研究南明历史和阮大铖的诗词有重要参考价值。

8.《夜航船》：二十卷，明张岱撰，清观术斋绿格抄本。张岱（1597~1679），

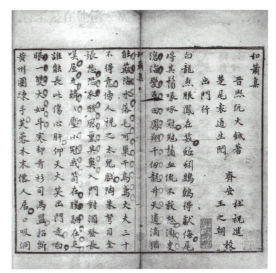

《和箫集》

明末清初浙江山阴人，字宗子，又字石公，号陶庵，久居杭州。明亡，避居剡溪山，悲愤之情悉注于文字之中，有《琅文集》、《陶庵梦忆》、《西湖梦寻》、《石匮书》（今存后集）。《夜航船》是一部百科全书式的类书。全书共分二十大类，一百三十个子目，四千多个条目。卷一天文，卷二地理，卷三人物，卷四考古，卷五伦类，卷六选举，卷七政事，卷八文学，卷九礼乐，卷十兵刑，卷十一日用，卷十二宝玩，卷十三容貌，卷十四九流，卷十五外国，卷十六植物，卷十七四灵，卷十八荒唐，卷十九物理，卷二十方术。张岱博学多才，游历广泛，他以一人之力，编成了这部初级小百科，列述了一般中国文化常识，具有相当的实用性。张岱认为，"天下学问，唯夜航船中最难对付"，故名《夜航船》。这是一部许多学人查访终身而不得的书，是天一阁所藏的又一孤本。后由浙江古籍出版社标点本出版，为学界贡献良多。

9.《金莲记》：两卷，明陈汝元撰，万历三十四年（1606）陈氏函三馆刻本。陈汝元，明绍兴府会稽人，字太乙。有杂剧《红莲债》等。《金莲记》是一部戏曲传奇书，是一部仅有的孤本。当年偏爱收藏戏曲、小说、弹词、宝卷、版画、书目的大藏书家郑振铎先生编辑《古代戏曲珍本丛刊》时，尚未发现此书。书中木版插图雕刻精细，线条挺拔，形态逼真。此书是研究中国戏曲史和中国版画史的极其珍贵的资料。

10.《针灸四书》：九卷，元窦桂芳集。包括《黄帝明堂灸经》三卷，不著撰人；《灸膏肓腧穴法》一卷，宋庄绰编；《子午流注针经》三卷，南唐何若愚撰、阎明光注；《针经指南》一卷，元窦杰撰；附《针灸杂说》一卷，元窦桂芳撰。以上四种共有图九十余幅，内容翔实，兼多创新，是我国中

《金莲记》

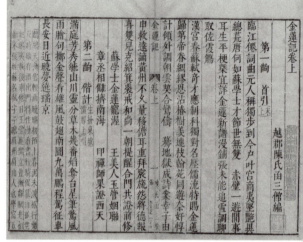

医学的重要文献。天一阁所藏为元至大四年（1311）活济堂刊本三册，为海内孤本，是我国目前已发现的针灸学最早刻本，虽有缺损，仍很珍贵。

此外，天一阁藏《浙音释字琴谱》、《三教同声琴谱》、《唐人诗集》、《三才广志》、《枕戈待言》等孤本无不具有独特的版本和历史文献价值。除地方志和科举录外，天一阁藏的其他珍籍善本孤本也是尚待开发的宝藏，值得我们很好地去开发利用。

五、阁藏碑帖

1. 历代编目概况

全祖望认为天一阁范钦藏书多半来自丰坊万卷楼，并将万卷楼所余帖石也收归阁有，故而有"范侍郎之喜金石，盖亦丰氏之余风"。天一阁碑帖拓本收藏情况如何，据钱大昕纂修《鄞县志》记载，范钦曾编有《天一阁碑目》，惜乎未传之于世，不知范钦时代的收藏情况。至乾隆三年，年仅三十四岁的全祖望重登天一阁，搜括金石旧拓，编为《天一阁碑目》，并为之记。

据全祖望《天一阁碑目记》所言，乾隆三年，他刚"放废湖山，无以消日，力挟笔砚来阁中"，见有一架藏品未尝发视，询之范氏后裔，方知是碑帖，于是"乃清而出之"。当时发现"其拓本皆散乱未及装轴，如梦丝之难理"，认为"听其日湮月腐于封闭之中，良可惜也"，于是"不烦搜索，坐拥古欢"，订为一目，附于天一阁书目之后。然而至钱大昕于乾隆五十二年重编《天一阁碑目》时，已不见全氏所编之目。从全祖望编目至钱大昕编目，间隔

约五十年，全目流散速度之快，令人生疑。考之其《天一阁碑目》，其末云："友人钱塘丁敬，身精于金石之学者也，闻而喜，亟令予卒业，乃先为记以贻之"，可知全祖望撰记时，碑目并未完成。因此，谢山有没有编完《天一阁碑目》，是否雕印过碑目，均不得而知。而没有编完，或只有稿本，导致不能传世的可能性极大。姑且存此一说。

天一阁存世碑目，只有范懋敏《天一阁碑目》一卷。后续增一卷。此目编于乾隆五十二年，时钱大昕应邀至鄞修县志，"适海盐张芑堂以摹石鼓文寓范氏，即侍郎之八世孙苇舟亦耽法书，三人者晨夕过从，嗜好略相似，因言天一石刻之富不减欧赵而未有目录传诸世，岂非阙事，乃相约撰次之。

天一阁碑帖陈列馆凝晖堂（内景）

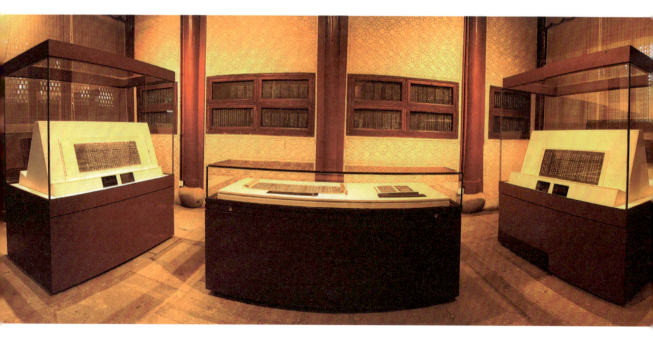

拂尘祛蠹。手披目览几及十日，去其重复者，自三代讫宋元凡七百二十余通，以时代前后为次，并记撰书人姓名，俾后来有考"。目后署"司马公八世孙懋敏苇舟编次，男舆龄、遐龄校定，嘉定钱大昕竹汀鉴定，海盐张燕昌芑堂、同邑水云懒生参订"四行。附嘉庆十三年刻本、阮元《天一阁书目》后。

此目前列钱大昕序，碑目周一种，秦二种，汉二十九种，魏三种，吴三种，晋二种，梁二种，北魏六种，北齐四种，后周二种，隋五种，唐一百四十四种，后唐一种，后晋二种，周二种，宋二百二十种，金四十一种，元二百五十六种，无时代二种。续增碑目夏一种，周二种，汉九种，魏一种，北齐一种，梁一种，唐四十三种，宋二十三种，金三种，元十六种，凡八百三十种。因明碑时代较近不录，复本亦未著录。卷面刻有文选朱文长方印、阮元伯元父印朱文方印。

2. 现存明清帖石

（1）明清帖石收藏概况

在中国古代帝王和私人收藏中，书籍虽占有相当大的比例，但对字画、碑帖、古器物等也从未忽视过。纵观历代著名的收藏家，其藏品之丰富、种类之繁多，并不亚于近现代县、市立图书馆或博物馆之藏庋。这也是中国古代藏书的显著特点。天一阁也不例外，除藏有大量碑帖外，也收藏有一批明清帖石。

天一阁主人范钦遗留下来的明代丛帖刻石有《天一阁帖》十一种，共存二十六方，除几分残损外，剥蚀不多，字体清晰，保存了明代书法家文征明、丰坊、薛晨、薛选等人的法书及范钦自己的题跋二通。在《天一阁帖》、

《万卷楼帖》、《义瑞堂帖》中，丰坊书写的共有十二种，这首先是因为范钦与丰坊关系密切，范钦自己的《天一阁帖》中，就有他摹刻上石的丰坊手书，如《底柱行》；其次是丰坊晚年将《万卷楼帖》售与范钦，中有丰坊临智永草书《千字文》及嘉靖五年临本《兰亭序》；三是丰坊乃岁时著名书法家，明代书法家薛晨摹刻的《义瑞堂帖》也收藏有丰坊书作，除尚存的以外，还有已散佚的丰坊得意之作《书诀》。丰坊作品之外，丰坊自身重摹上石的《神龙兰亭》、文徵明正书《薛文时甫墓志铭》也为世所重。

20世纪50年代后，天一阁续增有清代刻石《三忠遗墨》和《老易斋法帖》。《三忠遗墨》刻于嘉庆十九年，集明朝忠臣陈良谟和明末抗清将领钱肃乐、张苍水的信札和遗嘱。原件四札，藏天一阁范氏族人范峨亭家。范峨亭遗命其子付之贞石，并摹刻三人遗像于前。次年，周星周世绪题眉，

丰坊《底柱行》

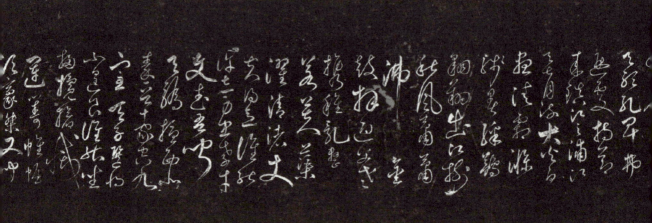

嵌于鄞县旌忠庙殿后。共四方，1956年移藏天一阁。《老易斋法帖》共十种，为清初四家之一的大书法家、慈溪人姜英宸书，多其自撰诗文。姜宸英的书法为世所重，曾刻入《湖海阁藏帖》、《国朝名人小楷》、《寄畅园法帖》、《望云楼集帖》、《天香楼续帖》等法帖之中。《老易斋法帖》是其搜罗最多的一部单帖，钱大昕、梁同书、胡绍曾、钱维乔、王曰升等人均有题跋，称其书法得力于晋摩大家，痛扫图熟一派，秀挺之中弥具古趣，更有一种清俊拔俗之气。

（2）各家帖石考录

天一阁帖八种附三种

明范钦模刻

1.（1）郑笋《拜问嫂嫂宜人帖》

首有"浦江旌表孝义郑氏"朱文长方印，末有"范氏尧卿"朱文方印。

（2）陆良《上厚斋舅氏诗帖》，石一。

有"陆良"白文方印、"元性"朱文方印、"丰氏人季"白文长方印，背刻《大士像》、《普门品》。

2.（1）丰坊写《大士像》

（2）丰坊正书《妙法莲花经观世音菩萨普门品》，石一。

二有南京吏部主事丰坊谨写，有"存叔"白文长方印。

3.（1）丰坊正书《大悲叽》

末有"人翁"朱文方印。

（2）《大慧礼拜观音文》，石一。

末有"丰氏人叔"朱文方印。民国二十三年十月移嵌壁中。

天一阁"四明兰亭陈列馆"

4. 丰坊《古篆序论》

末有"缙云"朱文圆印、"丰氏人季"白文方印、"南禺外史"朱文方印、"既明且哲以保其身"朱文圆印、"哲阳郡图书印"朱文长方印。万历壬午阳月望东明范钦题跋，石一。末有"天一阁"朱文长方印、"范氏安卿"朱文方印、"古司马氏"朱文方印。吴应祯镌。民国二十三年嵌壁。

5. 丰道生草书《底柱行》，石四。

正背面刻。廿三年甲辰之岁七月甲子赐进士出身、天官尚书郎南禺外史丰道生顿首上。有"人翁"朱文葫芦形印、"碧玉堂下吏"白文方印、"哲阳郡图书印"朱文长方印。末有方印古篆不可辨。万历庚辰冬十月九日东明范钦题跋。有"司马之章"白文方印。

附：

1.《重模泰山石刻》，二十九字，石一。

清张燕昌据阁藏本钩摹上石，乾隆丁未钱大昕题跋行书三行。石漫漶。民国二十三年十月嵌壁。

2.《天一阁图》，石一。

光绪壬午四月祝永清绘，会稽孙德祖彦清识，民国二十四年袁寅抚，冯贞群题，李良栋刻。嵌壁。

3.《天一阁南亭榭图》，石一。

民国廿四年七月袁寅缋，周垫题并刻。嵌壁。

万卷楼帖三种

明丰坊模刻

1. 神龙本《兰亭集序》，石一。

首尾有"神龙"朱文长方半印二，"唐模兰亭"四字、"洗玉池"白文长圆印，其余大小三十五印不详载。末有"长乐许将熙宁丙辰孟冬开封府西斋阅"两行十六字。有翁方纲《神龙兰亭诗跋》版刻一，题为"嘉庆癸酉秋八月朔北平翁方纲时年八十有一"。有"覃溪"白文方印。

2. 丰坊临《兰亭集序》，石一。

嘉靖五年八月十日丰坊临。有"丰坊印"白文方印、"存礼"朱文方印，前有"长方楼"印。石漫漶，字不可辨。道生原名坊。民国二十三年十月将此石嵌阁前壁中。

3. 丰道生草书《千字文》，石四。

正背面刻，凡七面。嘉靖廿三年岁次甲辰三月三日南禺外史道生题于双溪之芙蓉浦墨梅轩中。有"丰氏人翁"白文方印，又古篆长方印一及首二印石漫漶，字不可识。末有正书跋，存二行半，石断缺，不知出谁氏笔。石中断缺六行。

案：全祖望曰："丰氏石刻有为世间所绝无者，如唐秘监贺公章草《孝

经》、《千字文》是也。"而今不可见，是万卷楼石归范氏非全豹也。

义瑞堂帖存十一种

明薛晨模刻

1. 宋史太师浩行书《上七世祖薛居实扎子》，石一。

背刻丰道生《改生字之义辨》。

2. 文徵明正书《薛文时甫墓志铭》石一。

吴禼刻。

3. 丰道生草书《改生字之义辨》，存十五行，石半段。

嘉靖三十六年七月望日南禺病史道生对金峨紫翠书于见白楼。有"南禺外史"朱文方印、"天官考功大夫印"朱文长方印，末一印古篆不可识。石缺前半段。

天一阁神龙兰亭

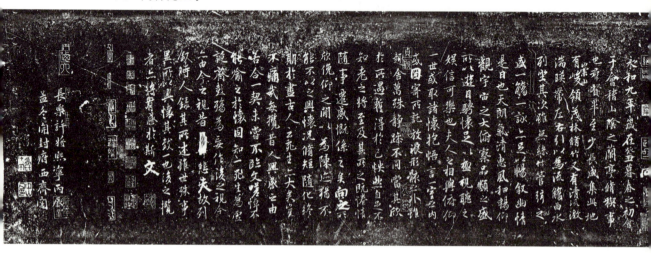

4. 丰道生行书《与霞川文学契家启》二通，石半段。

有"南禺外史"朱文方印二。石缺下半段。

5. 丰道生行书《与霞川先生启》，石半段。

刻前石之背，字漫漶。

6. 丰道生行书《送子旃游吴》、《子旃西游溯行漫书以赠诗启》，石一。有"渔湖丹室"朱文长方印、"越"朱文圆印、"南禺外史"朱文方印、"哲阳郡图书印"朱文长方印。

7. 丰道生行书《与子旃即元契家启》，存十行，石半段。

背刻薛晨正书《千字文》。有"南禺外史"朱文方印，缺后段。

8. 薛晨正书《千字文》，存末十二行半，石半段。

嘉靖丁巳九月之望薛晨寓姑苏识，有"子熙"朱文连方印。缺前段。

9. 薛晨草书《千字文》，石二。

正背面刻，嘉靖三十六年丁巳仲冬廿有二日四明霞川薛晨书。有"东浙"朱文葫芦形印、"薛晨印"朱文方印、"薛氏子熙"白文方印、"河东世家"朱文方印、"义瑞堂印"白文方印。吴门吴鼒刻，长洲文徵明、吴下王谷祥、吴人许初隆、池山樵、彭年、武丘、陆师道题跋。

10. 薛选草书《千字文》，石一半。

正背面刻，凡三面。癸亥中秋日四明薛选漫书。有"薛选印"白文方印、"直甫"朱文方印。吴门吴鼒刻。

11. 薛选正书《李攀龙游太华山记》，石一。

刻薛选草书《千字文》之背。四明后学薛选书，吴应祈刻。石首漫漶四五行。

天一池边兰亭

　　案薛冈《天爵堂文集》云："余家所刻《笔决》是丰考功最得意笔，藏诸则阳家兄，后为庐氏得，磨去帖尾薛氏家藏印，石残剥殆尽而售诸沈云将符卿"。据此则义瑞堂尚有丰南禺《笔决》一种，范氏所藏盖非全本。

　　甬上三忠遗墨四种

　　题"同里后学周世绪谨书"隶书八字于首，清嘉庆十九年八月上石，在钱张二公祠后嵌壁。

　　1.《陈恭洁公平安家信二十七》。

　　陈良谟书。家信凡五十一行，首有陈良谟像。

　　2. 又《遗嘱》。

陈良谟书。遗嘱凡二十三行。

3.《钱忠节公与水功社长兄札》。

钱肃乐书。札凡十二行，首有钱肃乐像，黄定文跋，谓此札作于太仓内召后，尚在崇祯盛时。

4.《张忠烈与林西明札》。

张煌言书。后附嘉庆甲戌促秋黄定文跋。札凡二十四行，首有张煌言像，黄定文跋，谓忠烈札无所寄。姓名考之《续耆旧集》，当是与林西明岳隆者。

老易斋法帖，共十种。

姜宸英书，多其自撰诗文。

1.《饮汤编修同用退之赠张秘书韵》，行草。

2.《五台山歌送方明府为紫瞻道兄正》，行草。

3.《西兴登舟次日渡曹娥江纪行》，行草。

4.《都中酬赠诸诗》，行书、草书。

5.《临二王杂帖》，草书。

6.《赵进士诗集序》，楷书。

7.《白燕栖诗集序》，楷书。

8.《与三弟家书二通》，行书。

9.《皇清储赠故太学生殿侯谢君墓志铭》，楷书。

10.《书万言撰谢天愚诗稿序》，楷书。

3. 天一阁神龙本《兰亭集序》

有人认为中华文化有三大极品，乃《兰亭序》、《文心雕龙》、《红楼梦》，

理由一是后人永难企及，更不要说超过；二是三者皆有研究上的"多谜性"：异说多、争议多、难解多、麻烦多，千百家下工夫多。如此讲也有一定的道理。那么《兰亭序》是怎么回事呢？与天一阁又有何关系？

晋穆帝永和九年（353）三月三日上巳日，王羲之、谢安等四十一位名士生流在会稽山阴的兰亭举行修禊盛会，流觞曲水，饮酒赋诗，合为一集，五十一岁的王羲之于酒酣之时，用蚕茧纸、鼠须笔乘兴疾书，为之作序，称《兰亭集序》，后省"集"字，成为《兰亭序》。序本指文章，但因字出于书圣，又写得特别好，遂成书法绝品，又是称之为《兰亭帖》，雅称《禊帖》。全文共二十八行，三百二十四字。通篇遒媚飘逸，字势纵横，变化无穷，如有神助，充分体现出起伏多变、节奏感强、形态多姿、点画相应等特点。在章法（布白）、结构、用笔上都达到了行书艺术的高峰，体现出晋人萧散自然的风致，无愧为"天下第一行书"的称号。

《兰亭序》的传奇性与珍奇性合二为一，并可分为三部曲：一是"赚兰亭"；二是玉匣殉葬昭陵；三是桓温之乱破墓与后世千翻万刻的临摹本与石刻本。唐太宗李世民是个"王右军迷"，他搜遍了六朝幸遗的右军书迹，还不满足，只缺《兰亭》一序。此件真迹传至羲之七代孙智永，智永传之弟子辨才，唐太宗百计求索而不可得，派御史萧翼从辨才处赚得。这个传奇故事异常风雅有奇趣，古人还写过《赚兰亭》的剧本。太宗以计赚取兰亭后，命供奉拓书人赵模、韩道政、冯承素、诸葛贞及欧阳询、褚遂良、虞世南等临摹，以赐皇太子诸王及近臣。太宗死，以《兰亭》真迹殉葬昭陵，以一己之好而使其永闭于世。史书又传闻，桓温之乱，昭陵已破，宝物散在人间，玉匣亦落风尘。遂失踪迹。于是摹本、翻摹本、石刻摹字本、

名家临仿本，纷然竞出，各称独得真形秘相，收藏者竟有百种以至数百种各不相同之本者。

天一阁藏《兰亭序》帖石，世称《神龙兰亭》、《洗玉池兰亭》、《天一阁兰亭》。前两者因有"神龙"、"洗玉池"两印而得名，后者因藏于天一阁而得名。原为明代大藏书家丰坊万卷楼之物，由丰坊重摹上石，后归范钦天一阁。此帖有宋许将题字，翁方纲诗跋，印三十九方。翁方纲于清嘉庆十八年（1813）鉴定此帖为唐褚遂良临兰序真迹，认为"四明天一阁兰亭，海内褚临本之冠"，并题跋作诗，诗云："唐临绢本极纷拿，始信朱铅态莫加。漫执神龙凭诸印，不虚乌镇说文嘉。书楼带草盟兰渚，玉版晴虹起墨花。今日四明传拓出，压低三米鉴藏家。"《天一阁兰亭》经翁方纲鉴定后，享誉士林。所谓"神龙兰亭，天一阁范氏藏石，经翁覃溪方纲激赏，称为神龙佳本，自是海内同声"是也。然而也有人敢于向权威挑战。嘉道年间的藏书家、金石家、曾任宁波府学教授达十年之久的冯登府和近代沪上知名收藏家、篆刻家秦彦冲均认为《天一阁兰亭》并非唐褚遂良临本真迹，乃是丰坊伪造。孰是孰非，是可争论，但目前学界谨以"翁说"为主流。另启功先生有《〈兰亭帖〉考》，就《兰亭序》的版本问题论述得极为详细精到，读者自可参考。

4. 原藏碑拓善本

北宋拓本《石鼓文》

石鼓出土时间现在未可确知，据《元和郡县图志》卷二"天兴县"条下记载："石鼓文在县南十里许……贞观中，吏部侍郎苏勖记其事。"可见

它在唐代初年已经出土。中唐时期著名文人韦应物、韩愈分别作《石鼓歌》以宣传，使它名声大振。唐贞元年间，郑余庆将石鼓移至凤翔夫子庙中。五代时战乱频繁，散佚民间。北宋时司马池设法收回九件，重置凤翔府中。皇祐四年，向传师访归一件，方配齐。大观年间移入汴梁，先入国子辟雍，再入保和殿。金人破国，移至燕京。此后除抗战时运往西南外，一直藏于北京，现存故宫博物院。

《石鼓文》自出土后即有传拓。由于历代捶拓，兼以风化，今日石鼓文字已残泐严重，第八鼓已无文字可寻。据统计，现十鼓仅存272字（原共有700余字）。所以欲了解石鼓文原貌，必须依靠较早的拓本。至清代乾嘉年间，唐拓已不存，原最完善的明代安国所藏宋拓本三种因售于日人而下落不明。天一阁所藏北宋拓本成为最佳传本，被金石学家"视为瑰奇之物"。著名学者钱大昕曾过目，并有"四明范氏藏本得字四百有三，又有向传师跋"的记载。全祖望《宋拓石鼓文跋》以为"天一阁石鼓文，乃北宋本，吴兴沈仲说家物，而彭城钱逮，以薛氏释音附之者也。钱氏篆文甚工，后归赵子昂松雪斋。明中叶归鄞丰氏，继归范氏。苍然六百年，未入燕京时拓本也。"阮元也盛加赞赏："天下乐石，以周石鼓文为最古。石鼓拓本，以浙东天一阁所藏北宋拓本为最古。"冯桂芬题范氏天一阁石鼓文则曰："诸家石鼓文，扬升庵不足论；自余各本，以天一阁为最。"

天一阁藏宋拓《石鼓文》重模上石，首推海盐张燕昌。据钱大昕于乾隆五十二年（1787）为《天一阁碑目》所作的序中写道："今年予复至鄞，适海盐张芑堂以摹石鼓文寓范氏，而侍郎八世孙莘舟（亦懋敏）耽嗜书法，三人者晨夕过从。"至乾隆五十四年（1789）重摹勒石于海盐。但阮元认为：

"海盐张氏燕昌曾双钩刻石，尚未精善"，于是在他第二次登阁时，即"嘉庆二年夏，细审天一阁本"，并重摹上石，嵌置杭州府学明伦堂壁间。嘉庆十一年阮元因丁父忧闲居扬州，受扬州太守伊秉绶之嘱，又重刻天一阁宋拓石鼓文10石，置扬州府学。伊秉绶《扬州府学重刻石鼓文跋》记其事："岐阳石鼓文，惟宁波天一阁所藏北宋拓较今本完好之字多，阮中丞芸台先生视学浙江时曾刻置杭州府学，今重摹十石，置之扬州府学。大儒好古，嘉惠艺林，洵盛事也"。阮摹拓本也广为流传。后天一阁藏北宋拓本不知所终，张燕昌所摹之石毁于道光二年（1822）的火药局爆炸事故中，杭州府学、扬州府学竟成遗迹，石也不存。所幸阮元上石后的拓本尚存，今天一阁即有，欲知宋拓情况，只好有求于它了。这也是阮元对天一阁的一大贡献，对中国文化的一大贡献。

《秦封泰山碑》

秦始皇东巡至泰山，群臣请立石颂其功德。相传为李斯所书。宋刘《泰山秦篆谱》云，石四面广狭不等，凡二十二行，行十二字，起自西面。而北，而南，而东，末行"制曰可"三字，复转在西南棱上。前十二行是始皇辞，后十行是二世辞。共二百二十三字，可读者百四十有六。宋欧阳修等所得皆四十余字，仅向南之面。明杨文贞公所藏为四十六字本，亦为宋拓之向南面本。以上为各家记载，并未见其原拓，只有明华中甫、安桂坡递藏之一百六十六字本，实为泰山石刻之冠，此本为四面，每面均有安国篆书题字。第一面三十六字，第二面二十六字，第三面四十七字，第四面"制曰可"及重文五十七字，共一百六十六字，安国题签，后有安国题跋三，今录其一如下。"昔日得朱才甫之五十余字本，鉴赏家以为罕见。

此一百六十六字本为真赏斋主中甫表弟闻属舜臣，在颍上寓公李介人，具币求易，居然得请以归"。又有"桂坡鉴赏"、"旭庭眼福"、"舜臣"、"邃庵"、"成之印"、"沈梧"、"安国赏"、"十鼓斋"、"第一希有"、"东沙居士"、"冰壑"等印。

朝鲜金阮堂藏一本，清晰者为四十五字，漫漶者八字，共五十二字。此本较安国早藏之五十余字，不但有九字漫漶，其他四十三字也较瘦细，可能是元拓之另一残本，现将其全文录于下："远黎登兹泰山周□□功□治道运□诸著名陲于后世顺丞勿革皇帝躬听既平天下设长利专□□□训经宣□远近毕理咸丞□"。

明拓本仅廿九字，后刻北平许氏跋二行。旧置碧霞祠，乾隆五年祠火石失。嘉庆二十年再访得，已为二石，所存十字。访后初拓"斯"字其旁下横笔可见，笔道较近拓稍肥。置山顶东岳庙西室，因倾倒，又移山下道院壁间十字本有翻刻本。原石"去"字竖笔两旁各有较小之半圆圈，翻刻则无。

天一阁藏本相传为宋拓本，但所剩仅二十九字，或为明初所拓。乾隆五十二年编《天一阁碑目》时，张燕昌钩摹上石。冯登府曰："泰山秦刻世无石本，宋庆历间江陵几宋莒公曾翻刻，亦少流传……今阅《天一阁碑目》有此种，暇日至阁，遍查不得。"可知原本此时已散出。摹本于1934年嵌入阁前围墙之上，因石质较粗，今已剥蚀。

《西岳华山碑》

隶书，为杜迁市石，书佐郭香察书，刻者颍上邯郸公修。二十二行，行三十八字，额篆书阴文六字，为"西岳华山庙碑"。额左右刻唐大和三

年至四年（829、830）李商卿、张嗣庆、崔知白、李德裕等题名，李德裕、崔知白各题两段。下有宋元丰年题字。原碑为延熹八年（165）四月建，在陕西华阴县华岳庙内。明嘉靖三十四年（1555）地震碑毁，以后该庙所存为重刻，现重刻亦毁。

此碑在唐代已被重视，当有其拓本，惜未流传下来。碑在宋代早期所沿完整，到晚期此碑中之右损泐百余字。至明嘉靖年地震毁而不存。所存之拓本亦稀，据所知者为长垣本、华阴本、四明本，以及李文田之祁本马氏半本，即一般所言三本半。

长垣本为较完整之一本，亦为真正宋拓本，是明代长垣（商丘）王文荪所藏，王铎跋之，上款为文老亲翁，时在天启五年（1625），清康熙年归本县宋荦，乾隆年归本县陈伯恭，嘉庆年归成亲王，道光年归刘喜海，以后归宗湘文，不数年归端方所有，民国初年其子售于日本人。题跋、观款有王铎、朱彝尊、宋荦、万经、翁方纲、成亲王、陈崇本、王戬、卓秉恬、铁保、阮元、英和、何绍基、吴荣光、黄钺、杨振麟、僧达受、杨尚文、吴云、赵烈文、沈旭庭、吴让之等。

华阴本又称关中本，较长垣本晚，为元、明间所拓，拓之较精。原为明万历间陕西东云驹、云雏兄弟家藏，后归华州郭宗昌，郭在天启年命史明等重装裱，作红木匣盛之，匣上刻郭宗昌等十余人跋。清初为华阴王弘撰所得，戒子孙不得乞人跨尾。康熙年归淮安张力臣，以及扬州周仪确斋。乾隆年归凌如焕、黄星槎、朱筠等递藏。嘉庆年仍为朱氏子锡庚守之。道光年归梁章钜。同治年李文田在梁敬叔家得见。光绪年归端方收藏。民国以后归吴乃琛，现藏故宫博物院。题跋和观款有郭宗昌、孟鋗、朱仲宗、

梁尔升、王涛、南居益、南居仁、韩霖、孙国数、王铎、钱谦益、王焞、王弘撰、王弘嘉、沈荃、黄文莲、黄钺、陆耀、钱大昕、李因笃、朱筠、朱锡庚、阮元、梁臣林等。

四明本即天一阁本，较前两本晚，是明中期拓本，是整张挂幅，故碑额两旁之李德裕、崔知白、张嗣庆、李商卿、崔瑶、王式等跋皆存。此幅在明代先归四明丰坊万卷楼，后归范氏天一阁，清初归鄞县全祖望。乾隆年归钱东璧，嘉庆年由钱氏抵押给印氏，十三年归阮元所藏。在阮氏前是单张，后由阮氏始裱为挂幅。道光年归云翁所藏，光绪初年归完颜犊山，三十三年归端方，民国初年为潘复所得，后售于上海某人。闻以后某君曾携至香港。1975 年冬已归故宫。题跋有翁方纲、桂芳、阮元、成亲王、陈崇本、严可均、何绍基、张穆、李文田、吴式芬、李葆恂、张謇、陈宝琛等。观款有马履泰、张问陶、陈寿祺、蔡之定等。

此三本的早晚，以其存多寡言之，长垣本为第一，华阴本为第二，四明本为第三。四明本为整张，能看其碑的全貌，以及唐宋之刻跋，是此本之长处。自此本归阮元后，阮氏定为第二，其第二跋云"十五年冬十月，朱锡庚归自山西，相约会于南城龙泉寺，各携山史、四明二本，校读竟日，二本盖同时所拓也。"看法有所不同。《文物》1961 年第八期《谈华山碑三本之宋拓》，对三本文字之脱泐有详细的比较，读者诸君若有兴趣，自可借来阅读，得出自己的结论。

《酸枣令刘熊碑》

隶书，现存之拓本已断为二石，上一石为十五行半，行五六字至十一二字不等。此碑在宋代已见于《集古录》、《金石录》，《隶释》也详录

其文，据其所记，碑在宋代完整，只有数字残缺，在南宋初尚未断而又无大损。惜此未断本未流传下来。现存者为刘铁云和范氏天一阁所藏之二本。以前均称宋拓，实则明早期拓本。刘铁云藏本后归端陶斋及衡水，今藏历史博物馆。天一阁本，有其后人范懋政题签，时为道光二十三年（1843）。新中国成立初在上海发现，现藏故宫博物院。此两本皆为断为二石时拓本，可证明称其为宋拓之误，但拓时石尚存。后下半石佚，此二本的价值自然不容怀疑。

第三篇　世泽长期子孙贤
——天一阁藏书的管理和保护

　　历代藏书家都渴望自己的藏书能"子子孙孙，世代永保"，这渴望自然是缘于绝大多数藏书家得书之不易与藏书之艰辛。于是许多藏书家都有告诫子孙继承先志、保存藏书的家训、族训。范钦自然不能免俗，他也有强烈的愿望，使自己的所藏能世世代代传下去。他生前立有"代不分书，书不出阁"的遗训，又有一个藏书章曰："子子孙孙，永传宝之。"美好的愿望不一定能变成现实，"君子之泽，三世而斩"，绝大多数藏书往往不数传便烟消云散。天一阁藏书能够十三代人薪火相传，得益于范氏子孙的贤孝。从已有的范氏家族记载来看，范氏子孙多读书，守礼节。明清以来，范氏子孙读书种子延续不绝。惟其读书，才能爱书、守书、藏书。但更重要的是有良好的管理制度和藏书措理之术让范氏孝子贤孙们来执行。

一、藏书的管理

　　由于藏书的私人属性，中国古代私家藏书采取的基本上都是封闭式的

管理，只是程度深浅不一而已。而天一阁往往被视为保守的封闭式管理的代表。天一阁的管理制度可以用十六个字来概括，即"以水制火，火不入阁；代不分书，书不出阁"。天一阁不仅从思想意识上、象征意义上取"以水制火"之意，在实际行动中则凿池备水，在制度上更有严格规定。虽然430多年过去了，"烟酒切忌登楼"的大字禁牌仍赫然在目。据记载，清光绪三十四年（1908），缪荃孙随其内兄宁波太守进天一阁看书，约了两次，虽获准登阁，但"约不携星火"。在天一阁的防火制度面前，人人平等，连太守也不例外。

宝书楼内景（书橱）

天一阁在"代不分书，书不出阁"上也执行得十分严格，规定得十分详细。范钦在弥留之际，就表达了书不可分的意愿。据全祖望《天一阁藏书记》记载：范钦分家时，以为书不可分，将家产分成两份，一是一楼藏书，一是万两黄金，由大儿子范大冲和次儿媳选择（次子早范钦而去）。

天一阁析产雕塑

大冲毫不犹豫地选择了藏书，并进一步明确藏书不分，为子孙共有，各橱锁钥，分房掌握；禁以书下阁梯，非各房子孙齐，不开钥。并制定了严格的处罚标准：子孙无故开门入阁者，罚不与祭三次；私领亲友入阁及擅开橱门者，罚不与祭一年；擅将书借出者，罚不与祭三年。若进一步犯规，至典鬻偷卖书籍，则永行摈逐不与祭。在中国封建宗法社会中，"罚不与祭"是一种相当严厉的处罚，往往被视为奇耻大辱。若一旦被处罚，则终生难抬头。因此这一制度也得到了较好的执行。

天一阁的管理制度在道光九年（1829）时得到了进一步修正，规定得更加严密、完备（见附件）。虽然天一阁图书在清代中叶以后散佚很多，但其严密的管理制度还是在一定程度上保护了古书，使阁书不致流失殆尽。

二、藏书的保藏

古代藏书，由于政治的原因而遭禁毁，由于兵燹的原因而致散佚，所以有隋代牛弘的"五厄"说，有明代胡应麟的"十厄"说，但除了人为的破坏之外，书籍毁于自然因素的情况也不少，要言之，自然因素的破坏有水、火、虫三害。尽管历代藏书慎而又慎，但水祸、火灾、虫蛀依然吞噬了大量的古籍。古代藏书家在自然损害之后，吸取教训，总结出一些防水、防火、防虫的收藏经验和方法，而天一阁更形成了独特的藏书措理之术。

1. 中国古代藏收保护技术

从自然灾害方面讲，对中国典籍图书危害最大的是水、火、虫。与此

相对应，则形成了建筑保护、曝书和药物防害三大藏书保护技术。

（1）建筑保护技术

藏书建筑是指历代典籍图书收藏者为藏书而专门建造的处所。通过专门建造的藏书处所而使书籍不受自然和人为损坏，很早以前就受到藏书家的重视。科学的藏书建筑往往能达到两种效果：防火和防虫蠹霉变。防火主要表现在建筑的设计选址和材料的选择上。早在汉代，皇家藏书处石梁阁，即以水环绕之，使之远离火源，私人藏书家曹曾积石为仓以藏书，"可显无火患，而且坚久"。"石室金匮"成为历代皇家藏书建筑的典范。明人邱浚（1418~1495）曾于弘治五年（1492）上疏朝廷："自古帝王藏国史于金匮石室之中，使之不患……于文渊阁近便去处，别建重楼一所，不用木植，专用砖石垒砌为之……收贮繁要文书，以防意外之虞。"清人周永年在《儒藏》中曾总结说："藏书宜择山林闲旷之地，或附近寺观有佛藏、道藏、亦可互相卫护。吾乡神通寺有藏经石室，乃明万历中释某所为，其室去寺半里许，以远火厄，且累石砌成，上为砖券，今将二百年犹尚牢固，是可以为法也。"另一种受到推崇的藏书建筑为徽州库楼式，因其建筑"四周石砌风墙"，可以在人烟密集地带起到隔离火种的作用。

防虫蠹霉变，则主要反映在藏书楼的高敞通风上。"藏书之所，宜高楼，宜宽敞之净室。"我国私家藏书楼的具体式样，同他们的名称一样，常以楼、阁、斋、堂、房、居、室、轩、庐等作为后缀词，一般说来，都在两层以上，书籍都放置楼上，具有较好的防潮功能。南宋叶梦得守建康，"厅事西北隅有隙地，三丈有奇，作别室，上为重屋，以远卑湿"。皇家藏书楼更是体量高大，保护效果好，"历年虽久、而毫无潮湿虫蛀之患。"因此，"藏

书之所，宜高楼、宜宽敞之净室，宜高墙别院、与居宅相远。室则宜近池水，引湿就下，溯不入书楼，宜四方开窗通风，兼司朝阳入室"。一处设计科学、合理的藏书建筑，已包括有防火、防潮、防霉等保护藏书的功能。

（2）曝书技术

曝书技术是我国古代保护藏书的手段之一，即在每年适当的时节，通

天一阁晒书雕塑

常是在伏天或秋高气爽之时，将藏书从室内取出曝晒，以驱杀书蠹。最早见于《穆天子传》："天子东游，次于雀梁，曝赢书于羽陵。"汉唐时已形成制度。北宋丞相文彦博（1006~1097）曾参加过秘书省的"曝书宴"。司

马光 (1019~1086) 读书堂藏书，每年都在"上伏及重阳间，视天气晴朗，设几案于当日，所列群书其上，以暴其脑。"这种曝书方法简便易行，孙从添（1692~1767）于《上善堂藏书记要》曰："曝书须在伏天，照柜数目挨次晒，一柜一日，曝书用板四块，放日中，将书脑放上面，两面翻晒。不用收起，连板抬风口凉透，方可上楼。遇雨，抬板连书入屋内，搁起最便。摊书板上，须要早晾，恐汗手拿书，沾有痕迹。收放入柜亦然。入柜亦须早，照柜门书单点进，不致错混。倘有该装订之书即记出书名，以便检点收拾。曝书秋初亦可。"而清代叶德辉则认为："古人以七夕曝书，其法亦未尽善。南方……不如八九月秋高气清时，正收敛，且有西风应节，籍可杀虫。"不管伏天或秋初，曝书的做法，为各公私藏书家所广泛接受，成为保护古籍的重要举措，至今仍在沿用。

（3）药物防害技术

药物防害技术主要指染纸避蠹技术，即将有杀灭驱除功能的天然植物制剂或药物制剂浸染写书印书之纸，以起到防蠹的作用。这一直是中国古代保护典籍图书的良法。我国最早的避蠹染纸是"潢纸"，即用黄檗（柏）汁渗入纸中，可使经年防蛀，东汉刘熙在《释名》一书中已提到此法。此后日益推广普及，至唐代"入潢"已成为造纸的工序之一。但"染以黄柏，取其避蠹"，一般的还是采用"先写后潢"的办法。潢纸以后是"碧纸"，碧纸染汁内的主要药用成分是蓝紫色的结晶物"靛蓝"，又名青黛、靛花，其加工程序经过了刷纸法和浆内染色法两个阶段。宋代运用较多的染纸还有"椒纸"，是一种将椒水（胡椒、花椒或辣椒的浸渍汁）渗透纸中的防蠹纸，椒实中含有香茅醛、水芹萜等，有驱虫避蠹功能。据《书林清话》记载，

椒纸同蝴蝶式的装订方法相结合，可"永无蠹蚀之患"。明清时期，广东佛山地区之人发明了"万年红纸"，它一般装订在线装书的扉页和底页位置上，使古籍难遭虫蠹。

除了染纸技术外，还有一些也可列入药物除害技术类，如"柜顶用皂角炒为末，研细，铺一层，永无鼠耗。恐有白蚁，用炭屑、石灰、锅锈铺地，则无蚁。柜内置春画辟蠹石，可辟蠹鱼"（孙从添《上善堂藏书记要》），"橱下多置雄黄石灰，可辟虫蚁，橱内多放香烈杀虫之药"（叶德辉《观古堂藏书十约》），可见我国古代除藏书虫害的方法颇为多样。

2. 天一阁藏书传统保护的技术特色

天一阁是我国古代著名的藏书楼，在管理方面十分有特色，藏书的保护措施是管理方面十分重要的内容。天一阁与其他古代藏书楼一样，对书楼的保护办法有许多共同之处。关于防火，范钦依据古书上"天一生水，地六成之"之说，以"天一"命阁，把书楼分建六间，东西两房筑起封火墙，在楼下中厅上面的阁栅里，绘了许多水波纹作装饰，充分说明范钦已具备很强烈的防火意识，并使之付诸实践。其阁前凿有一池，蓄水备用，四周都有空地，筑有围墙，隔绝火种。关于防潮防霉，书楼系二层硬山式结构，楼上贮书，比较干燥，前后有窗，有利通风。就是书橱，也是"前后有门，两面书橱，取其透风"。另外，从其晒书制度中也可得到印证。郑振铎先生曾说："盖范氏尝相约，非曝书日即子孙也不得登阁也。"可见天一阁也有一年一度的晒书制度等。另外，保护古籍颇为令人瞩目之处，当推芸香辟蠹、英石吸潮了。

芸草

英石

清代学者随园老人袁枚有诗云："久闻天一阁藏书，英石芸草辟蠹鱼"，并注："书中夹芸草，橱下放英石，云收阴湿物也"（《小仓山房诗集》）。芸草，即芸香草，是古人通常采用的一种书籍防虫药物。宋代科学家沈括在《梦溪笔谈》中说："古人藏书辟蠹用芸。芸，香草也，今人谓之七里香者是也。叶类豌豆，作小丛生，其叶极芬香，秋间叶间微白如粉污。辟蠹殊验，南人采置席下，能去蚤虱。"也许范钦受此影响，在藏书中较好地运用了这一技术。芸草辟蠹后来被赋予神话色彩，使其盛名远播。而"橱下各置英石一块，以收潮湿"，也是范钦独创，充分反映了天一阁在藏书保护上对防潮的重视。

三、范氏之代表

范钦子孙繁衍中，就其长子大冲一脉而言，据冯孟颛先生于民国年间记载："今有男丁一百五六十人，登进士者二人，举人四人，贡生七人，监生十四人，诸生二十八人，读书种子继绳不绝。"这些读书人在天一阁的历史上有特别的贡献，其中尤以范大冲、范光文、范光燮、范懋柱、范邦绥的影响最大，列简传于下。

1. 范大冲

范大冲（1540~1602），是天一阁第二代主人。《范氏家谱》载："大冲字子受，号少明，东明公长子，由庠生入太学生，授光禄寺良酝署丞，奉诏宣谕浙江、福建等处差竣，予告病。"据全祖望《天一阁藏书记》记载，范钦去世前，将家产分为二人份，一份为一楼藏书，一份为家资万金，由二房挑选，愿书

者受书，愿金者得金。大冲愿得书，次媳（次子已先范钦而去）愿得金，于是大冲继承藏书，并决定拨出自己的部分良田，以田租充当书楼的保养费用，一场藏书保护的接力赛开始了。大冲遵照乃父之遗命，制定了"代不分书、书不出阁"的族规，使天一阁藏书得以保存至今。大冲还为了"庶宇内贤达览者，知先君积累捃拾之勤，而子子孙孙亦因知祖上存蓄之不易，将殚力而世守之无坠云尔"，于万历十五年（1587）刻印《天一阁书目》，其所撰跋文，比沈一贯写于万历十九年（1591）的《天一阁集》序早四年，比黄宗羲写于康熙十八年（1679）的《天一阁藏书记》早九十二年，是现存最早的直接记述天一阁藏书的文献。大冲还曾校刻范钦遗著《天一阁集》、《奏议》、《古今谚》三种，自著有《三史统类臆断》一卷。

2. 范光文

范光文（1600~1672），字耿仲，一字甬憨，号潞公，范钦曾孙。范光文居家孝友，性情豪爽，遇事果决，为诸生时已能弭盗定变。清顺治六年（1649）与弟光遇同登进士，授礼部主事，同年迁吏部主事，八年为陕西乡试主考官。在吏部时，因诸曹乏人，一身兼署四司事，处事果决，案无留牍。然终因个性耿直，与上级大僚不合，罢官归里。里居时徜徉湖曲，与董德称、林时跃唱和最多。其时天一阁藏书甲于浙东，而他又购置阁中未备之书，充实藏书，使天一阁藏书在这一时期略有续增。康熙初年，他又在阁前增筑池亭，环植竹木，作山石堆筑"九狮一象"假山，使藏书楼更具江南园林特色。钱大昕《鄞县志》谓"黄宗羲至甬上，光文导之登阁，读所未见书，一时知名人士其不愧世家风流"，此记载有误。黄宗羲登阁

"天一地六"、两面通风的天一阁

在康熙十二年（1673），而光文卒于康熙十一年（1672），应予纠正。

3. 范光燮

范光燮（1613～1698），字友仲，又字鼎仍，范钦曾孙，恩贡生，康熙

十五年授嘉兴府学训导，个性刚正，生员中若有过错，往往当面加以训责，而对有节孝之行者，则请学使给予旌奖，由此深得郡县尊重和生员爱戴。他在嘉兴任职期间，还主持修建启圣宫，修葺文庙两庑，整修仪门，修复垣墙，又捐资修希圣堂一所，作为读经论史、阐明理学之地。合郡学者、硕儒数百人，每月两次在此聚会，寒暑不辍。他曾为充实嘉兴府学儒学文献，大量传抄天一阁藏书，先后费时两年，抄书达13000余页。康熙二十五年（1686）他迁升长治县丞，因身染重病，未赴任即乞休归里。为此，嘉兴合郡绅士公撰《希圣先生范公小传》，称颂他在嘉兴儒学任职期间的业绩。

他还做过的另一件惊动士林的事，便是在康熙十二年（1673）破例引黄宗羲登上了范钦去世后封闭甚严的天一阁，开创了天一阁有选择地向一些大学问家开放的先河。这一年被余秋雨先生称为天一阁历史上最有光彩的一年，范光燮不愧是世家风流之人。他还曾"造望春、茅山两庄以守高曾祭祀"，"葺宗祠，置瞻田，上妥先灵，泽被子孙"，"葺天一阁诸屋，以安祖泽"，对范氏家族贡献甚大。著有《希圣堂讲义》、《唱和诗》等。

4. 范懋柱

范懋柱（1721~1780），字汉衡，号拙吾，范钦八世孙。清诸生。乾隆三十八年（1773）诏修《四库全书》，向全国各地采访遗书。乾隆三十八年三月十九日的上谕，点名要天一阁进呈图书。是年十一月，范懋柱代表范氏族人进呈天一阁珍贵古籍638种，共5288卷，为各地进呈藏书最多者之一。后有96种被采入《四库》，377种列入《四库存目》。天一阁进呈图书在500种以上，获得御题、赐书等最高待遇。乾隆在天一阁进呈书

上有"五卷终于物理论，太玄经下已亡之。设非天一阁珍□，片羽安能忻见斯"和"四库广搜罗，懋柱出珍藏"的题诗。后天一阁又获赐《古今图书集成》一万卷。更令天一阁广享殊荣的是，为庋藏《四库全书》，乾隆还命杭州织造寅著前往天一阁察看书楼形制和书架款式，以天一阁样式来建造文渊、文源、文津、文溯、文宗、文汇、文澜七阁。乾隆四十四年和五十二年，天一阁又分获钦赐铜版画《平定回部得胜图》和《平定两金川图》各一套。由于范懋柱献书，乾隆帝嘉奖，使天一阁名闻海内。自此以后，历代范氏子孙和地方官员均十分重视天一阁，终使其延续至今。范懋柱献书，是天一阁保护史上的一大转折。

5. 范邦绥

范邦绥（1817~1868），字履之，号小西，范钦十世孙。道光二十六年（1846）举人，咸丰丙辰科殿试第一百零四名，以知县分发四川。性廉介，耻于干谒需次，三年不得补充己未乡试同考官。后告归。咸丰十一年（1861），太平军陷宁波，范氏族人避难山中，"阁既破残，书亦散亡"，阁中之书被不良之徒窃得，或售于江北岸洋人传教士，或售于奉化唐乔造纸厂，也有部分散卖给各县读书人。范邦绥闻讯大惊，立即返城，"急借资赎回"。太平军退后，又偕族中宗老多方购求，不遗余力。对于散落外邑者，则请郡守边葆篆移文提赎，使阁书稍稍复归。由此，虽经战乱，阁中藏书赖以保存，邦绥功不可没。

附：其他范氏后裔事迹览表

时间	人物	事迹
嘉庆八年（1803）	范邦甸	因浙江巡抚阮元之命，完成《天一阁书目》十卷，补遗一卷，范氏著作一卷。此目为天一阁藏书目录中编辑较早、流传较广、具有较高学术参考价值的一部书目。
道光九年（1829）	范筠冉	"节省祀田之余，鸠工庀材。上自栋瓦，下至价庭，左右墙垣，无不焕然一新，阅八月而告成"，对天一阁进行了大修。
咸丰十一年（1861）	范邦绥	天一阁藏书被窃，"急借资赎回，始稍稍复归"。
民国三年（1914）	范五森 范盈炉	天一阁藏被窃运至沪，获悉后奔走官厅，呈请返还，并在上海《新闻报》刊登《购天一阁书者注意》的广告，最终使窃贼受到惩罚。
抗战期间（1937~1945）	范召南 范鹿其	在浙江图书馆、鄞县文献委员会的协助下，将藏书安全转移至浙南龙泉，并由范召南管理，使藏书免受损失。

附：鄞西范氏系世表

一世：宗尹（宋丞相，随高宗南渡来浙，卒葬天台。）

二世：公麟（宗尹次子，入赘魏氏，为宋丞相魏杞之妹婿，始居鄞。）

三世：猷

四世：明　同（略）

五世：隆嗣　宗嗣（略）

六世：顼

七世：植

八世：新（徙居城西自新始）　坚（略）

九世：恭（略）　绍　孚（略）

十世：存诚（略）　存谊

十一世：性（略）　弼

十二世：纲（略）　璧（略）　玉　彝　厚（略）

十三世：甫（略）　暄　晁（出继）　旺（略）　庐　晁（入继）

十四世：䜣　諲（略）　谏（略）

十五世：璧　琚（略）　瑶（略）　璟（略）

十六世：镛　钦　钧（略）

十七世：大澈（略）　大冲　大潜（略）

十八世：汝楠　汝桦

十九世：光文　光燮（出继）　光交　光彦　光燮（入继）

二十世：延仁（略）　正国（略）　延简（略）　延筠（略）　延筵（略）
正辂　延辅

二十一世：从益（略）　从夒　从说（略）　从岱

二十二世：永观（略）　永泰　永恒（略）　永璟（略）　永琰

二十三世：懋柱　懋械（略）　懋椒（略）　懋敏（传九子，其后亦称
九房下）

二十四世：灼　炘　予龄（与龄）　遐龄　桐龄　兰龄　桂龄　鹤龄
乔龄　笺龄　安龄

二十五世：邦甸（略）　邦庄（略）　邦杰（略）　邦元（略）　邦绥

二十六世：多禄　多枢（又名彭寿，字寅卿）

二十七世：玉森（字锦文）　盈火广（字挺武）

二十八世：鹿其（若麟）……　若鹏（保艮）……

二十九世：思孝　思慈

第四篇　第一登临是太冲
——天一阁与历代名人之关系

　　烟波四面阁玲珑，第一登临是太冲。

　　玉几金峨无恙在，买舟欲访甬句东。

　　这是叶昌炽在《藏书纪事诗》中关于天一阁的开篇诗。天一阁自范钦过世后，封闭甚严，明清之交数十年间，蛛网尘封，几绝人迹，徒令学者生羡慕窥测之心。这种情况一直持续到清康熙十二年（1673）才得以改观。这一年，大学者黄宗羲以其人格和学问叩开了天一阁的大门。负责接待工作的是范钦的曾孙范友仲，他曾任嘉兴府学训导，修葺天一阁诸屋，发动、组织过一次大规模的抄书活动。天一阁在范钦之后藏书略有增益，也主要是他的功劳。正因为他在家族中的地位和威望比较显赫，才可以破戒引黄宗羲登阁，并提供所有藏书，让黄宗羲看个够。以范友仲为代表的范氏族人这一明智的文化抉择，具有深远的意义。因此，1673年被余秋雨先生认为是天一阁历史上最具光彩的一年。

一、黄宗羲登阁的意义

黄宗羲登阁与他发出的"读书难，藏书尤难，藏之久而不散，则难之难矣"一样，具有惊世的作用。这一行动所引发的后续效应，让人不得不对它的意义作一番深思。

黄宗羲塑像

1. 显示了天一阁的相对开放性

笔者在《宁波藏书家的人文主义精神》一文中曾指出，私家藏书本因学术所生，为治学而藏，我们不能苛求古代私人藏书家，要求他们公诸士林，因为这在古代是不客观，不现实的。"保守"是私家藏书的根本特点。在私有制社会里，书籍作为私有财产，保守是绝对的，开放是相对的，开放是私有制条件下的相对开放。在一个私有制相对比较发达的农业文明社会里，私人藏书的私人占有性，决定了它的保守性，它承担的使命仅仅是满足个人、家庭和家族成员的学习、学术需要，没有义务来承担社会责任。即使有极少数古代藏书家有流通借阅之举，也只是对封建士大夫阶层而言，限于亲朋好友和藏书家之间，对普通百姓来说，从来都是"莫予其事"的。故而历史上真正对外开放的私人藏书楼是根本不存在的。

虽然如此，但宁波藏书家还是具备了一定的开放意识和开放精神。就拿时人和后人都视为保守的天一阁而言，作为私人藏书楼，其在历史上的开放度相对而言还是比较大的。在范钦时代，他与许多藏书家交换目录，互通有无，甚至定有"藏书互抄之约"，在亲朋好友间是开放的。范钦之后，虽然"代不分书，书不出阁"，封闭甚严，但还是有选择地向一些真正的大学者开放。黄宗羲登阁是天一阁向学者开放的一个标帜。"黄梨洲后，

万季野征君、冯南耕处士继往，昆山徐健庵司寇闻而来钞，而海宁陈广陵詹事纂赋汇亦尝求之阁中，全谢山为小玲珑馆马氏亦往钞之。"其他登阁人士还有李杲堂、朱彝尊、袁枚、钱大昕、汪昭、张燕昌、阮元、吴引孙、薛福成、姚元之、刘喜海、麟庆、冯登府、钱维乔、缪荃孙、马廉、赵万里、郑振铎等。有选择地适度开放，这在私有制条件下已经很难能可贵了。黄宗羲登阁显示天一阁已进入相对开放的历史阶段。

2. 开启了学者为天一阁编目的先河

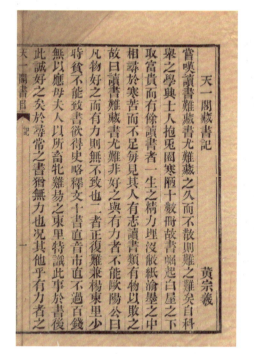

黄宗羲《天一阁藏书记》（木刻）

目录既是图书管理的一种手段，也是诵读之资、问学之本。一般的藏书家都编有书目，天一阁也不例外。在黄宗羲登阁之前，目前所知有书目三种，即范钦亲编《范氏东明书目》一册、范钦重编《四明范氏书目》两卷、范钦长子范大冲等增益阁书后所编《四明范氏天一阁藏书目》两册四卷。自黄宗羲登阁编目后，后来学者纷纷仿效，开启了学者为天一阁编目的先河。大多数目录均是在阁书遭劫难后编的，所谓"凡遭一劫，于是有编写书目之举"，虽然"主编者率师心自用，随意取舍"，但还是为天一阁保留了大量的图书散佚变化的信息。这些书目主要有：清嘉庆十三年（1808）阮元命汪本

校刻本《天一阁书目》十卷、补遗一
卷、范氏著作一卷，清道光二十七年
（1847）刘喜海《天一阁见存书目》
十二卷、传抄本，光绪四年（1878）
宗源翰《天一阁见存书目》，光绪十
年（1884）薛福成《天一阁见存书目》
四卷、首末两卷，民国十七年（1928）
七月林集虚《目睹天一阁书录》四卷、
附编一卷，民国二十一年（1932）九
月杨铁夫《重编宁波范氏天一阁图书
目录》不分卷，民国二十二年（1933）
赵万里《重整天一阁现存书目》，民
国二十五年（1936）冯孟颛《天一阁
方志目》一卷、《天一阁藏明代试士

冯孟颛像

录目》一卷，民国二十九年（1940）冯孟颛《鄞范氏天一阁书目内编》。
以上胪列的书目，有的编者虽为官僚，也兼学者身份；有的虽不是亲自所
编，却是直接指导、具体谋划。作为私家藏书楼，为天一阁所编书目较多，
为我们保留了大量的文献信息和典籍流传信息，登阁的学者们功不可没，
而黄宗羲开了个好头。

3. 扩大了天一阁在社会上的影响

黄宗羲登阁向社会传达了天一阁非不可登的信息，这一信息的迅速传

冯孟颛藏书楼伏跗室

递，使大江南北、尤其是江浙的藏书家、学问家兴奋不已，有许多人要"买舟欲访甬句东"了。访问甬句东的目的自然是登天一阁观书，而观书也不是盲目的，因为已经有黄宗羲抄录的书目可资参考了。原来天一阁"阁书之目，外人终莫测也"。自黄宗羲"以硕望故交尝破例偕阁观览，择其古僻者钞为书目，昆山借录，转相流传人间，始知有天一阁书目"，有了登阁的可能，有了访书的依据，天一阁那种"是阁之书，明人无过而问者"的局面得到了改观，它的社会影响力迅速上升，以至于后来得到皇家赏识，享有显荣。

最后值得一提的是，黄宗羲博大精深的学问也与天一阁密切相关，多次登阁观书，对他帮助极大。近代著名政治家、学问家梁启超曾言：天一阁实大有益于黄（宗羲）、万（斯同）、全（祖望）。现代著名的思想史研究家蔡尚思也论述说："藏书风气大盛，如钮氏世学楼、祁氏淡生堂、黄氏千顷堂、钱氏绛云楼、郑氏丛桂堂、徐氏传是楼，尤其是范尧卿的天一阁，藏书甚富；毛子晋父子的汲古阁，前后积书八万四千册。没有明末这批私人大图书馆，清初黄宗羲等人能博览群书，广搜史料吗？""中国的大学问家黄宗羲，也是和藏书著名的天一阁分不开的。"因此，从某种程度上讲，是以天一阁为代表的一批私人藏书楼成就了黄宗羲。

二、冯孟颛与阁楼修葺

1. 修葺概况

在众多的登阁名人中，特别要提一下冯孟颛。冯孟颛先生是近代浙东

重修天一阁老照片一组

重修天一阁老照片

著名的藏书家，又是一位热心整理乡邦文献、致力于保护地方史迹的学者，对宁波及鄞县的文化建设厥功甚伟。他因领衔重修天一阁、着力编撰天一阁藏书目和深入研究天一阁历史而享誉当时，惠泽后人。尤其是他领衔重修天一阁，对挽救天一阁于将倒之时及其社会化起到了积极的作用。

以冯孟颛为首的鄞县文献委员会发起重修天一阁、促进天一阁的社会化，是以中国图书馆的近代化为背景的。中国图书馆的近代化运动始于清代晚期。晚清先后发生了三次社会变革运动，即洋务运动、戊戌变法和清

末"新政"。三次变革时间先后相继，范围逐步扩大，程度不断加深。与此相对应，从近代图书馆观念的引进、新型图书馆的兴起乃至全面展开，中国开始了图书馆的近代化过程。让我们简单回顾一下这段历史。晚清第一次社会变革即洋务运动，始于19世纪60年代，止于19世纪90年代中期。这一时期，官僚士大夫把目光从中国转向世界，开始走出国门到欧美、日本去学习、游历，看到了欧美图书馆在社会中的作用。如王韬、郭嵩焘、郑观应等回国后纷纷著书立说，介绍西方图书馆的主要性质和社会功能，引起了中国对注重服务和利用的图书馆观念的重视，为中国创立近代图书馆提供了大量先进的经验性材料。晚清第二次社会变革即1895~1898年间的以康有为、梁启超为代表所开展的以救亡图存为目的的戊戌变法运动。这一时期，思想先进的中国人接受的西方图书馆观念逐渐由考察、介绍向实践活动转变，主要表现为创办学会、学堂图书馆。如康有为创办的强学会书藏，被认为是中国人创办的最早的具有公共图书馆性质的图书机构。此外，1895年至1897年全国各地成立了87个学会，设立了公共图书馆性质的藏书楼达51所，各地相继创办的新式学堂大多也建立了新型藏书楼。这些学会书藏和学堂书楼，从根本上改变了几千年来重藏轻用的封建藏书楼传统，成为中国近代图书馆事业的先声，为近代图书馆事业的发展奠定了良好的基础。晚清第三次社会变革即清政府实行的"新政"，从1901年开始，到1911年止，历时11年。这一时期，中国图书馆正式产生了，中国图书馆的近代化进程全面展开。这一时期的主要特点是政府实行"新政"，在宣布废科举、办学堂的同时，也制定了一系列有利于古代藏书楼向近代图书馆转变的改革措施，使图书馆如同雨后春笋，迅速涌现。从1905年

我国第一所以图书馆正式命名的湖南图书馆成立开始，至 1911 年辛亥革命前夕，我国公私立新式图书馆已达 20 余所，全国各地掀起了兴办公共图书馆的热潮，促成了一大批封建藏书楼向近代图书馆的转变。

中国图书馆的近代化进程，其影响是巨大的。宁波虽僻在海隅，也毫不例外。甬上各方面人士也越来越关心天一阁，对天一阁的前途提出种种主张，主要有两种意见：一种即动员范氏"化私为公"；另一种即主张古籍产权仍归范氏，但由公家管理，向社会开放。20 世纪初的范氏，虽然家族尚算庞大，但早已式微。不过对于一个 400 年来享尽了藏书荣誉、人称"天一阁范家"的范钦后人来说，十几代人薪火相传的艰辛历程，已足够让世人钦羡，要他们放弃图书和开放图书，使藏书楼转变为图书馆，这是不能接受的，他们绝不能让祖上的藏书毁在自己手里，承担不孝的骂名。天一阁的近代化困难重重。可是 1933 年的一次大台风却为此提供了极其难得的契机。

1933 年 9 月，一场强台风侵袭甬城。本来对于一个海滨城市来说，遭受台风的侵袭是极其平常的事，可是这次却不同，它危及了天一阁。藏书楼东墙倒塌，部分藏书受损，整个书楼也摇摇欲坠，岌岌可危。而天一阁范钦后裔已窘困到拿不出钱来维修藏书楼了。作为藏书家和鄞县文献委员会委员长的冯孟颛，深感责无旁贷，毅然决定由文献委员会出面组织重修天一阁，成立重修天一阁委员会，由鄞县县长陈宝麟任主任委员，冯孟颛主持实际工作。维修工作的首要任务是募集资金，当年 10 月 7 日向国内各文化机关、社会名流、硕彦发出快邮代电，呼吁踊跃捐资，抢救天一阁这一文化宝库。其时共募得（主要向京、津、沪等地热爱乡邦文化的同邑

人士募得）捐款银一万四千余元，随后重修工作全面展开。重修工作的第二件事是制订重修计划。冯孟颛先生为它描绘了一幅美好的蓝图，主要有：修复阁楼东墙、整修前后假山、增筑亭子、收购流散藏书、迁建尊经阁、建明州碑林、新建一座藏书楼。计划相当完善，特别是迁入尊经阁，改为思齐楼，辟为阅览室及新建藏书楼，都已考虑到增加容量和对外开放的问题，欲把天一阁拉上近代化的轨道。可见其用心良苦。

重修工程自1934年6月动工，到1935年底完成，共耗银一万七千余元。原先计划中，除购归流散藏书和新建一座藏书楼因资金不足未完成外，余皆实现。此次重修，挽古阁于危难之中，使天一阁的生命得到了延续。若非冯孟颛先生倾心、鼎力主持这一工作，天一阁在民国年间就书去楼塌了。保护天一阁，冯孟颛功不可没。

当然，此次落架大修，或多或少地改变了藏书楼的原貌，在阁前筑兰亭，在阁后迁入高体量的尊经阁，均有值得商榷之处。但瑕不掩瑜，这也丝毫不影响冯孟颛对保护天一阁藏书所作的贡献。

2. 前后假山

自康熙初年范光文在天一阁前后堆筑假山、构筑亭子，至20世纪30年代经冯孟颛先生整修，始成今日假山之面貌。假山颇具江南庭院式园林之灵巧特色，在宁波独一无二，略作介绍。从天一阁西首边门起，为兰亭（原为茅亭），分两路，均可通行。一路沿墙而南，折向东行，再沿墙而北，可至阁东。沿路竹木遮阴，清静幽雅。一路经过池上红栏石桥，从石步阶上升至假山中峰，后面有方丈平坡，上有石桌一张，旁置大石两块，可以

冯孟颙编《天一阁书目内编》

对坐谈心。俯看池中，有长石如象鼻，伸入池中吸水，池水清澈，游鱼可数。从平坡东，历石步阶而下，折向西首，有一石洞，穿洞而至池边，可以垂钓。再经小石桥而东行，历石步阶而上，可至东亭。亭内有石桌、石凳，可以对弈。亭的左右有石笋两株直立于两旁。亭的西面有方石小池，可以洗砚。再历石步阶而下，穿石门而出，就是天一阁东首了。

整座假山堆成福、禄、寿三字和九狮一象景象。东亭和下面石东亭和下面石基，像一个古文"福"，东亭西首高低的假山石，好似一个古文"禄"字，西首假山中峰，好似一个"寿"字。还有假山顶突出的地方好似一只狮首，所种的碧草好似狮子的头毛。东首一个石门堆成背驮宝瓶的象。如果立于池旁向东面看，还可见象鼻下垂。

阁后假山的构造，和前面假山完全不同。后假山前面有三层很阔的步阶，在重修时补种了些花木。下层有杜鹃、龙柏，中层有白牡丹、月季，上层有代代橘、茶花，两旁有金桂两株。假山上面是一方颇大的平地，铺着黄沙，种植修竹。左右都有石步阶可以上下。前面近西有一石洞，可直通假山北墙。后面东首有一小池，可供洗涤。后假山的全景是五狮含剑。

当中一大狮，口含宝剑，两旁有狮四头。阁东小屋三间，为守阁人居住之处。前后假山显示了浙东匠人巧夺天工的造园艺术。难怪后来任宁绍台道的扬州人吴引孙在家乡模仿天一阁建造藏书楼时专门聘请了宁波工匠。

3. 明州碑林

重修天一阁委员会制订的重修天一阁的计划十分严密和完善。由于经费不足，只完成了书楼维修、尊经阁迁入和明州碑林的建设。

明州碑林的形成可分两个阶段。第一阶段为1933年至1935年的天一阁维修时期，其碑主要来源于宁波府学。

宁波府学是碑碣集中的地方，一部分为有关府学自身的碑，一部分为各地出土、主要是1928年毁城时发现的碑。因宁波府学改建公共体育场而将碑迁移到天一阁。一部分碑嵌入尊经阁四周围墙壁中，一部分（大多数为双面碑）矗立在尊经阁前后，据冯孟颛先生《天一阁书目内编》统计，为90余方。同时将部分残碑和帖石嵌入天一阁前围墙中，帖石除丰坊手迹外尚有重摹《秦封泰山碑》，所有这些碑构成了"明州碑林"。"明州碑林"四字由浙东书风的第二代人钱罕先生书写。这是明州碑林形成的第一阶段。

明州碑林形成的第二阶段在1949年以后，主要为80年代开始的东园建设阶段。建国以来，天一阁工作人员寻访断碑残碣，逐渐积累，至1974年将碑36方嵌入东园围墙。这些碑主要来源于宁波府城隍庙和鄞县县学。80年代后东园扩建，重建碑廊，把36方碑和新搜集的30余方一并嵌入，并移尊经阁前后之碑于东园，成为明州碑林的延伸，构成了今日天一阁明州碑林的布局。

据笔者实地考察统计，明州碑林现共有碑 164 通，按区域划分，列表如下：

表一：明州碑林区域分布统计表

区域	尊经阁周围	尊经阁壁上	天一阁前	竹林	长廊	秦祠后	陈祠后	南园	合计
数量（通）	61	2	6	2	69	16	8	6	170

上表中所有碑碣帖石均以已上墙或已立为标准，但不包括南园。其中有两点，略作说明：1. 长廊尽头多系有关鄞县县学的碑，有一通未竖，仍列入统计之中。2. 墓志和盖各称一通。以上为明州碑林的形成历史、区域分布和碑碣数量的基本情况。

上面我们从区域的分布角度出发，对明州碑林作了列表说明，下面我将从按朝代和按类别划分的角度出发，再列二表，以期令大家对明州碑林的概貌有一个一目了然的了解。按朝代划分，只是个统计问题，而按类别划分，则涉及分类的标准，也需略作说明，碑碣的分类当从实际出发，视碑的多寡而定。民国鄞县通志馆调查各地存碑一千余通，内容较杂，《鄞县通志》把碑分为 11 类，即学校、衙署、名胜、祠庙、寺观、冢墓、建筑器物、谕告、规约、杂事、图像，极为详尽，台湾国立中央图书馆分编的《台湾地区现存碑碣图志》也是以县为单位的，他们将碑碣分为 6 类，即历史发展、寺庙沿革、德政去思、公益慈善、恶习禁令、地方建设，简单明了。赵超先生的《中国古代石刻概论》将碑分为地图（天文图礼图）碑和书画碑。其他还有许多大同小异的分类法。笔者从明州碑林的现存碑的实际情况出发，将碑分为 7 大类，即书院学校、祠庙寺观、谕告规约、

法帖图像、德政去思、墓志杂事及内容不明者。现将按朝代和类别划分的二表列于下：

表二：明州碑林时代划分统计表

朝代	宋	元	明	清	民国	新中国	不明	合计
数量（通）	8	21	62	68	3	1	5	168
%（约）	4.7	12.5	36.9	40	1.8	0.6	3	

表三：明州碑林分类统计表

类别	书院学校	谕告规约	祠庙寺观	德政去思	法贴图像	墓志杂事	不明	合计
数量（通）	61	24	30	9	18	25	2	169
约占比重（%）	36	14	18	5	11	15	1	

从表二可知，明州碑林最早的为宋碑，共8通，占4.7%，其中又以北宋熙宁元年（1068）的《众乐亭诗刻》为最早。该碑原在月湖贺秘监祠，新中国成立后迁入。碑上刻有钱公辅、王安石、司马光、郑獬、邵必等十五人诗20首，部分剥落，石分为二。最晚为1988年立的《天一阁东园记》，系陈从周撰文，沈元魁书，顾廷龙篆额，张根方刻字。碑文记述了天一阁东园的建设情况。大量的为明清时期的碑，各占36%和40%，成为明州碑林的主体。

从表三可知，明州碑林的内容以书院学校碑为主，共61通，约占

"历代名人与天一阁"陈列馆（内景）

"历代名人与天一阁"陈列馆（内景）

36%。这与明州碑林第一阶段的形成情况相关，碑主要来自原宁波府学。谕告规约、祠庙寺观、德政去思、法帖图像、墓志杂事，各为24通、30通、9通、18通、25通，分别占14%、18%、5%、11%、15%。另有两通因文字漫漶，内容不明。这是明州碑林的类别情况，反映了明州碑林的内容构成。

　　附：修缮后社会参与天一阁管理的重大事件

　　一、1935年，作为天一阁重修发起人之一的马廉捐赠千枚晋砖给天一阁，天一阁设"千晋斋"收藏，开甬上藏家向天一阁捐赠之先河。

　　二、1936年10月，鄞县文献展览会和浙江省文献展览会相继开幕，天一阁均提供文献参展，破"书不出阁"之例，首次向社会公开藏品。

　　三、1937年，抗战爆发后，鄞县文献委员会积极协助范氏转移藏书。

四、1940 年，冯孟颛先生登阁编目。

五、1941 年 2 月 2 日，《时事公报》发表"社评"，题为《希望天一阁藏书早日公开》。

六、1947 年 2 月，由社会各界人士组成的天一阁管理委员会成立。

七、1947 年 3 月 1 日至 3 日，天一阁公开展览，招待各界人士。

八、1947 年，天一阁管理委员会制定《抄书规则》，以应对外开放的要求。

九、1949 年 3 月，蒋介石两次参观天一阁后，天一阁管理委员会确立了"以地方政府为中心做好保管工作，并争取中央补助"的工作方针。

三、历代登阁名人小记

天一阁在范钦时代是相对开放的，在后范钦时代，曾一度封闭甚严，自黄宗羲登阁后，天一阁又进入了相对开放的年代，有选择地向一些大学问家开放，有助于学术界，尤其是江浙学术界的发展；同时，一些学术型的官僚也纷纷关心起天一阁来，或为之修葺栋宇，或为之编刻目录，使天一阁能长存于世。历代名人在天一阁留下的踪迹值得我们永远铭记，现择要简介如下。

万斯同（1638~1702），字季野，号石园，自署布衣万斯同，著名史学家、藏书家，浙江鄞县人。据全祖望《天一阁碑目记》记载，万斯同曾登阁观书，具体时间不详。天一阁文保所前所长邱嗣斌也认为万斯同登阁阅览古本秘籍，为万氏研究明史开拓了眼界。万斯同《明史稿》稿本后流入社会，1932 年经沙孟海先生介绍，由甬上藏书家朱鼎煦别宥斋购得。1979年，朱氏家族将别宥斋图书文物捐赠给天一阁，因而万氏《明史稿》原稿

也随之归藏天一阁，可谓有缘。

全祖望（1705~1755），字绍衣，号谢山，著名史学家、藏书家，浙江鄞县人。仅19岁的全祖望于雍正元年（1723）年就登上了天一阁。乾隆二年（1737）全祖望因罢官回乡，开始了十年家居。次年再次登上了天一阁，从此"便整日埋头在天一阁内"。十年间他到底多少次登上天一阁已无从统计了。全祖望首次替天一阁整理、编辑了碑目，为我们留下了《天一阁藏书记》、《天一阁碑目记》，首次揭示了天一阁的命名，并提出了天一阁藏书的一家之言。《天一阁藏书记》和《天一阁碑目记》成为研究天一阁历史的重要文献资料。

袁枚（1716~1798），字子才，号简斋，又号存斋、淡园、随园老人、石头村人，以诗文名，为"灵性说"的创始人，浙江钱塘人，客居江宁（今南京），袁枚祖籍浙江慈溪。袁枚一生好游，乾隆六十年（1795），他以八十高龄作寻根四明之游，并登上向往已久的天一阁，实现了他多年的心愿。他翻阅了天一阁的藏书，看到橱内所存宋版秘抄俱已散佚，十分痛心，用诗记录了他的感叹。诗云："久闻天一阁藏书，英石芸草辟蠹鱼。今日椟存珠已去，我来翻撷但欷歔。"其自注云："橱内所存宋版秘抄俱已散失。书中夹芸草，橱下放英石，云收湿物也。"袁枚的诗和注，为我们研究天一阁芸草防蠹、英石吸潮的传统措理之术提供了有力的佐证。

钱大昕（1728~1804），字晓征，一字辛楣，又号竹汀居士，是清代汉学大师，乾嘉学派的巨子，吴派学者的卓越代表，江苏嘉定人。钱大昕首次登阁在乾隆四十八年（1783）夏。其时，钱大昕出游天台路过鄞县，在老友李汇川的介绍下，"亟叩"天一阁，天一阁主人则"启香橱而出之，

浩如烟海，未遑竟读"。乾隆五十二年（1787），钱大昕应鄞县县令钱维乔的邀请，赴鄞县编修《鄞县志》，再次叩开了天一阁的大门。此次登阁，他与海盐张燕昌、范钦八世孙范懋敏共同编纂了一部《天一阁碑目》。这是目前所见最早的天一阁碑目，保存了天一阁藏碑的大量信息。

阮元（1764~1849），字伯元，号芸台，又号研经老人、雷塘庵主等，在经学、金石、史学、书画、天文历算等方面均有所造诣，江苏扬州人，古籍仪征。阮元在浙江历官十余年，其中乾隆六十年（1795）十一月至嘉庆三年（1798）九月任浙江学政，嘉庆四年（1799）十月至嘉庆十年（1805）十月和嘉庆十二年（1807）二月至嘉庆十四年（1809）八月两任浙江巡抚，为浙江的文化建设作出了极大的贡献。在这十余年中，阮元因公至宁波达十余次，明确记载登阁时间的有嘉庆元年（1796）、嘉庆二年（1797）、嘉庆八年（1803）。阮元登阁的主要成果为：督促范氏后人编成《天一阁藏书总目》，摹刻天一阁藏宋拓本《石鼓文》，分析天一阁藏书"久而不散"的原因，并在以后的灵隐书藏和焦山书藏中推广天一阁的管理经验，为天一阁作出了较大的贡献。

薛福成（1838~1894），字叔耘，号庸庵，江苏无锡人。他是一位近代改良主义的政论家，同时又是一位藏书家。薛福成自光绪十年（1884）十月任宁绍台道，至光绪十五年（1889）二月吴引孙继任，在宁波任上约五年时间，办了三件大事，即积极参与中法镇海之役的筹防和指挥工作，在府署后乐园创办揽秀堂藏书楼，重编《天一阁见存书目》。薛福成《天一阁见存书目》是继阮目之后的又一部重要书目，与冯孟颛《鄞范氏天一阁书目内编》一起被称为天一阁历史上最有价值的三部书目。薛目主要反映

经过鸦片战争、太平天国两次兵燹之后的藏书情况，且著录比较详细，在天一阁的编目史上有着不可替代的承上启下的作用。在宁波任上，薛福成还在老家"建藏书楼与天一阁同式"，是天一阁社会影响力的又一例证。

缪荃孙（1844~1919），字炎之，号筱珊，一作小山，晚号艺风，江苏江阴人，居申港镇。他"毕生事业与书亲"，一生藏书、著书、建馆，是中国传统藏书楼向近代图书馆转化、发展的见证人和实践者。缪荃孙第一次登阁在宣统元年（1909）。光绪三十四年（1908），缪荃孙的内兄夏闰枝出任宁波太守，缪委托他与范氏约定观书日期，"至次年乃得复"，约定三月十八日登阁。这次登阁虽"所见殊不逮所闻"，但也"聊慰平生夙愿"，并嘱范氏代抄宋《刑统》和正德《江阴志》，后只抄得前者。缪荃孙第二次登阁在天一阁藏书大量失窃之后。民国三年（1914），天一阁被窃后，图书在沪上书市流通，缪荃孙闻后，初以为范氏"子孙居然肯卖"，乃致函范氏问个究竟，方知沪上奸商往偷。事后缪荃孙登阁编有《天一阁失窃书目》，记录失窃书1759种，并在序中详述失窃经过。然缪目编制仓促，失之粗糙，不足为据。

陈登原（1899~1975），原名登元，字伯瀛，著名文化史家，余姚周巷（今慈溪周巷）人。在中国藏书史上，陈登原因他的《古今典籍聚散考》和《天一阁藏书考》而名留青史。民国十九年（1930），陈登原入阁访问，并向甬上学问大家戴季石和冯孟颙征询阁事，又求之于地方文献，次年成书，民国二十一年（1932）由金陵大学中国文化研究所作为金陵大学中国文化研究所丛刊甲种印行出版。此书体例完备，全面论述了天一阁产生的文化背景、天一阁主人、藏书来源、藏书特色、学术价值、社会影响，探

讨了天一阁藏书文化的形成、发展、嬗变及其曲折道路，系全面系统研究天一阁藏书史的第一部著作，具开创之功，津逮后学良多。

赵万里（1905~1980），字斐云，浙江海宁人。他积毕生精力于我国的善本书籍、宋椠名抄，精于鉴别宋元版本，为我国著名的版本目录学家。民国二十年（1931），赵万里与郑振铎从上海来甬，日奔走谋一登天一阁。天一阁去了两次，但终因格于范氏族规而未成。民国二十二年（1933）七月，赵万里再次来甬，经鄞县县长陈宝麟、文献委员会委员长冯孟颛与范氏接洽，达成入天一阁观书七天的协议。经这一星期的努力，登录书籍二千余种，其中二百多种为阮目、薛目所无。赵万里原打算把此次重整的天一阁现存书目叫做内编，并另编散出书目为外编。惜内编原稿于抗战时期散失殆尽，外编也未完成。所幸赵万里留有《重整范氏天一阁藏书记略》，为我们保存了很多珍贵史料。特别是赵万里对于天一阁藏地方志和科举录价值的认识，挖掘了天一阁的两大宝藏，确立了天一阁藏书的两大特色，意义深远。

冯孟颛（1886~1962），名贞群，字孟颛，一字曼孺，号伏跗居士、妙有子，晚年自署孤独老人，原籍浙江慈溪，从先祖迁居宁波。他是近代浙东著名藏书家和文献家，家设藏书楼伏跗室，藏书十万卷。冯孟颛作为近代甬上著名学者，十分关心天一阁。民国二十二年（1933）九月，天一阁遭台风袭击，岌岌可危。冯孟颛领衔重修天一阁，挽救天一阁于危难之中。民国二十五年（1935）九月起，冯孟颛又登阁编目，完成了《鄞范氏天一阁书目内编》，成为天一阁历史上最为完备的藏书目录，并保存了大量的文献资料。冯孟颛还提出了天一阁藏书的"五劫"说，这是他对天一阁的又一贡献。

郑振铎（1898~1958），字警民，又字铎民，号西谛，又写作 C.T.，是

我国现代著名作家、学者、大文献家和藏书家，祖籍福建长乐，浙江温州人。据记载，郑振铎至少来过天一阁三次。1931年8月郑振铎与赵万里同来宁波，登阁未成。1951年4月，郑振铎以文化部文物局局长（负责人）的身份视察了天一阁，并邀请宁波文化界人士进行座谈，就修建阁楼、充实设备、加强管理等问题进行研究，作出指示，要求恢复天一阁楼的原状。后来他还在同年10月10日出版的《文物参考资料》上发表了《关于"天一阁"藏书的数字统计》，对天一阁藏书数量及其变化作了详细说明。1953年6月11日，郑振铎又作了《关于保护天一阁的批示》，强调"必须像保护敦煌千佛洞一样的来保护它"，"总之，必须以全力保护之"，表明了他对天一阁的极端重视。1956年4月，郑振铎最后一次视察天一阁，对天一阁的性质、方针和任务提出了自己的意见，他认为天一阁"是一个最古老的图书馆，应严格地使其保持原来的面目，古物陈列所应迁出，另觅地址"；天一阁"是一个历史文献性的参考图书馆，应以收藏有历史性的重要图籍为主"；天一阁"应四面隔开，以防火灾，保管人的住宅，应离得更远些"；天一阁应"影印孤本，出版天一阁丛书，摄印显（缩）微照片（胶卷）"。郑振铎对天一阁性质的认定是非常准确的，他的意见后来也基本上得到了实施。稍感遗憾的是影印、出版、缩微工作略显滞后。

此外，尚有许多学者，如俞宪、李邺嗣、徐乾学、寅著、卢址、翁方纲、张燕昌、洪亮吉、冯登府、麟庆、刘喜海、董沛、宗源瀚、吴引孙、姚元之、朱彝尊、林集虚、杨子毅、杨铁夫、孙中山、蒋中正、马涯民、马廉、陈乃乾、沙孟海、谢国桢、陈训慈、路工、郭沫若、余秋雨、冯骥才等，或登阁观书，或研究天一阁的历史、藏品，或关心天一阁的保护、管理，与天一阁有着

千丝万缕的联系，为天一阁增光添彩，是我们所必须铭记的。

历代名人与天一阁关系一览表

时　间	人物	关　系
明嘉靖年间 （1522~1566）	丰坊	将万卷楼幸存之藏书、珍帖及月湖碧沚宅售与天一阁范钦。
明嘉靖年间 （1522~1566）	王世贞	与天一阁主范钦订有藏书互抄之约。
明嘉靖年间 （1522~1566）	俞宪	利用天一阁所藏登科录，完成《皇明进士登科考》。
清康熙九年至十三年 （1670~1674）	李邺嗣	利用天一阁藏书，编辑《甬上耆旧诗传》。
清康熙十二年 （1673）	黄宗羲	登阁抄有《天一阁书目》，六年后写有《天一阁藏书记》。
清康熙年间 （1662~1722）	徐乾学	遣人抄写黄宗羲《天一阁书目》，并至天一阁抄书。
清康熙年间 （1662~1722）	万斯同	登阁阅孤本秘籍，为研究明史开拓了眼界。
清雍正元年（1736）、 清乾隆三年至十二年 （1738~1747）	全祖望	登阁编《天一阁碑目》，撰有《天一阁碑目记》和《天一阁藏书记》。
清乾隆三十七年至 五十二年 （1772~1787）	弘历	修《四库全书》时关注天一阁，点名天一阁进呈图书；筑七阁模仿天一阁；论贡献奖天一阁《古今图书集成》、《平定回部得胜图》和《平定两金川战图》。
清乾隆三十九年 （1774）	寅著	奉命赴天一阁察看书楼建筑和书架款式开明丈尺，绘图进呈。

清乾隆四十八年至五十二年（1783~1787）	钱大昕	登阁阅书，整理碑帖，编有《天一阁碑目》。
清乾隆五十二年（1787）	张燕昌	摹勒天一阁藏宋拓《石鼓文》。
清乾隆六十年（1795）	袁枚	登阁赋有《天一阁诗》，反映天一阁藏书的措理之术。
清乾隆年间（1736~1795）	卢址	仿天一阁建抱经楼。
清嘉庆元年、二年、八年（1796、1797、1803）	阮元	登阁观书，命范氏后人编录《天一阁书目》摹刻天一阁藏书北宋拓本《石鼓文》，撰《宁波范氏天一阁藏书目序》，分析天一阁"能久"的原因。
清嘉庆十八年（1813）	翁方纲	鉴定天一阁藏《兰亭序》为唐褚遂良临兰亭真迹。
清嘉庆十四年（1809）	庆	登阁读书，撰有《天一阁观书》一文。
清道光十年、十一年（1830、1831）	冯登府	登阁校书，撰有《石经阁金石跋文书天一阁事》。
清道光二十七年（1847）	董沛	为撰《两浙令长考》登阁翻阅元明浙志四十余家。
清光绪四年（1878）	宋源瀚	聘何松等编《天一阁见存书目》。
清光绪十年（1884）	薛福成	聘钱学嘉、董沛、张美翊编有《天一阁见存书目》。在家乡建藏书楼与天一阁同式。
清光绪十五年至二十五年（1889~1899）	吴引孙	聘浙东工匠在扬州建"吴道台宅第"，其藏书楼也仿天一阁。

清宣统元年（1909）至民国三年（1914）	缪荃孙	登阁观书、抄书，帮助范氏整理、编辑《天一阁失窃书目》。
民国十七年（1928）	林集虚	登阁编有《目睹天一阁书录》。
民国十九年（1930）	陈登原	登阁著有《天一阁藏书考》，为第一部全面研究天一阁藏书史的著作。
民国十九年（1930）	杨子毅、杨铁夫	杨子毅下令保护天一阁，命杨铁夫编《宁波范氏天一阁图书目录》。
民国二十二年（1933）	赵万里	编有《天一阁书目内编》，撰有《重整范氏天一阁藏书记略》。
民国年间（1912~1949）	冯孟颛	重修天一阁，编《鄞范氏天一阁书目内编》，首倡阁书"五劫"说。
民国二十二年至二十四年（1933~1935）	马廉	参加天一阁重修委员会，将千晋升斋藏砖悉数捐给天一阁。
民国二十三年（1934）、1956年、1979年	谢国桢	著有《江浙访书记》，引用、介绍天一阁善本达二十九种；又有《宁波天一阁藏书小记》和咏天一阁诗。
1951年、1961年7月、1973年3月、1980年5月、1980年11月	路工	其《访书闻见录》对十六种天一阁善本书作了专门介绍，撰有《重访"天一阁"》一文。
1951年4月、1956年4月	郑振铎	撰有《关于"天一阁"藏书的数字统计》一文，对天一阁的性质、保护有明确指示。
1962年10月26~27日	郭沫若	为天一阁撰有"好事流芳千古，良书播惠九州"联和《连访天一阁诗》。
1949年~1991年	沙孟海	多次来阁观书和鉴定书画，留有"古阁藏英"、"建阁阅四百载，藏书数第一家"等墨宝和题跋多种。

第五篇　书楼四库法天一
——天一阁对公私藏书的影响

　　大家都知道天一阁是我国著名的藏书楼，它的闻名于世与清高宗弘历纂修《四库全书》是分不开的。在纂修《四库全书》的过程中，高宗弘历通过访书关注天一阁、了解天一阁，进而模仿天一阁，并对天一阁进行了奖赏。由于皇上的关注和推崇，作为一家私人藏书楼，天一阁获得了空前绝后的殊荣，大出其名，并对中国藏书文化产生了深远影响。

一、清高宗弘历与天一阁

　　有清一代藏书事业极为发达，不仅官方注重收藏，私人藏书也蔚为风气。就官方藏书来说，清兵入关，首先接管了明代皇室的全部藏书。顺康之时，宫廷藏书于昭仁殿，而内阁、翰林院、国子监等处也有收藏。只是清朝少数民族入主中原，民族矛盾也空前激烈，所以清政府一度采取高压政策。到清高宗弘历时，"为天地立心，为生民立道，为往圣继绝学，为万世开太平"，稽古佑文，开设四库馆，纂修《四库全书》。虽然寓禁于征，

乾隆像

也有大量图书在征集过程中被烧毁、删改、毁版，但它系统地保存了我国古代的文化遗产，展现了中华民族数千年文明的发展进程，功不可没。

清高宗弘历，姓爱新觉罗，年号乾隆，他在位期间，于乾隆三十七年（1772）下召求书，次年设四库全书馆，编修《四库全书》。乾隆四十七年（1782），第一份《四库全书》抄成并装订完毕，首先入藏于文渊阁（宫内），随后又分抄六份，分发至文源阁（圆明园内）、文津阁（承德）、文溯阁（盛京）、文汇阁（扬州）、文宗阁（镇江）、文澜阁（杭州）收贮使用。在《四库全书》的纂修过程中，弘历对天一阁倍加关注。天一阁由于清初著名学者黄宗羲等人的钦仰和宣介，已有一定知名度，但它的大出其名，则由于弘历帝的推崇，"有赖于清修《四库》时所宣扬之功绩"。天一阁能够长存于世，与弘历帝的重视分不开。

1. 修《四库》 关注天一阁

清高宗弘历的访书活动非始于《四库》开馆时，早在乾隆六年（1741）正月庚午已有征书之谕：

从古右文之治，务访遗篇。目今内库藏书，已称大备。但近世以来，著述日繁，如元明诸贤，以及国朝儒学，研究六经，阐明性理，潜心正学，纯粹无疵者，当不乏人。虽业在名山，而未登天府。著直省督抚、学政，留心采访。不拘刻本钞本，随时进呈，以广石渠天禄之储。

然而征书诏下后，采访之事并未认真进行，一直未见实效，引起高宗的注意。至乾隆三十七年（1772）正月四日，复颁诏求书，成为《四库》开馆之第一声：

朕稽古右文，聿资治理，几余典学，日有孜孜。因思册府缥缃，载籍极博，其钜者羽翼经训，垂范方来，固足称千秋法鉴；即在识小之徒，专门撰述，细及名物象数，兼综条贯，各自成家，亦莫不有所发明，可为游艺养心之助。是以御极之初，即诏中外搜访遗书，并令儒臣校勘《十三经》、《二十一史》，遍布黉宫，嘉惠后学。复开馆纂修《纲目三编》、《通鉴辑览》及《三通》诸书，凡艺林承学之士，所当户诵家弦者，既已荟萃略备。第念读书固在得其要领，而多识前言往行，以畜其能。惟搜罗益广，则研讨愈精。

范懋柱像
Portrait of Fan Quanzhu

（1721～1780），字汉衡，号拙吾，范钦八世孙。乾隆诏修《四库全书》时，代表天一阁进呈家藏书六百多种。

范懋柱献书图一组之一

天一阁进呈书统计表
Various statistics on books presented by Tianyige Library

类 别 Category	种 数 Variety	卷 数 Volume
经部 Classics section	46	505
史部 History section	231	1961
子部 Section of classics of various schools	254	1960
集部 Section of anthologies	110	1270
合计 In total	641	5696

范懋柱献书图一组之二

如康熙年间，所修《图书集成》全部，兼收并录，极方策之大观。引用诸编，率属因类取裁，势不能悉载全文，使阅者沿流溯源，一一征其来处。今内府藏书，插架不为不富；然古今来著作之手，无虑数千百家，或逸在名山，末登柱史，正宜及时采集，汇送京师，以彰千古同文之盛。直令直省督抚会同学政等，通饬所属，加以购访……庶几藏在石渠，用储乙览。四库七略益昭美备，称朕意焉！

此诏下发后，缘于康雍以来文字狱屡兴，百姓如惊弓之鸟，各省督抚恐因此造成大狱，多存观望之心，竟"曾未见一人将书名录奏"。于是高宗又严饬各直省督抚及各学政，通行购访，汇列进呈。然应者仍属寥寥，

即或进呈，也多普通书籍。乾隆三十八年（1773）二月，高宗决定"将来办理成编时，名《四库全书》"。未几，四库全书馆成立。但对于征书情况甚不满意，复于三十八年（1773）三月二十八日下诏解释，并限半年时间以进书，并特别提到"江浙诸大省著名藏书之家，指不胜屈，即或其家散佚，仍不过转落人手，闻之苏湖间书贾书船，皆能知其底里，更无难于物色。督抚等果实力访觅，何遽终湮？"次日又复谕两江总督高晋、江苏巡抚萨载、浙江巡抚三宝，直接点名江浙著名藏书家献书：

昨以各省采访遗书，奏到者甚属寥寥，已明降谕旨，详切晓示，予以半年之限，令各督抚等作速妥办矣。遗籍珍藏，固随地俱有，而江浙人文渊薮，其流传较别省更多。果能切实搜寻，自无不渐臻美备。闻东南从前藏书最富之家，如昆山徐氏之传是楼，常熟钱氏之述古堂，嘉兴项氏之天籁阁，朱氏之曝书亭，杭州赵氏之小山堂，宁波范氏之天一阁，皆其著名者；余亦指不胜屈，并有原藏书目，至今尚为人传录者，即其子孙不能保守，而辗转流播，仍为他姓所有，第须寻原竟委，自不至湮没人间；纵或散落他方。为之随处纵求，亦不难于荟萃……

由于指名促办，地方官员尽力搜觅，藏书之家也陆续进呈，收效其速，立见效果。乾隆三十八年（1773）四月，以范懋柱为代表的范氏后人不得不应诏进书。据《鄞县志》记载："国朝乾隆三十九年，生员范懋柱，进呈书籍六百二种。附二老阁书九十四种，计五千二百五十八卷。"《四库采进书目》也谓进呈六百零二种。而据《四库全书总目提要》及《浙江采集遗书总录》，则知天一阁进呈到京之书，共得六百三十八种。近人缪荃孙在《天一阁始末记》也云："迨四库馆开，范氏进呈书六百三十八部，为

藏书家之冠。"迄无定论。然范氏入《四库》"著录"类书九十六部,入"存目"类书三百七十七部,合计四百七十三部,超过诸家进呈之本,对《四库全书》的编成确是一大贡献。

2. 筑书楼 模仿天一阁

《四库全书》卷帙浩繁,成书之后,自必须有庋藏之所,故清高宗弘历早在纂修之初就已考虑这个问题了。由于在征书过程中对天一阁的了解加深,对它的庋藏之所产生了兴趣,即开展了对天一阁的调查工作。他于乾隆三十九年(1774)六月二十五日下谕杭州织造寅著前往调查。其谕云:

浙江宁波府范懋柱家所进之书最多,因加恩赏《古今图书集成》一部,以示嘉奖。闻其家藏书处曰天一阁,纯用砖甃不畏火烛,自前明相传至今,并无损坏,其法甚精。著传谕寅著前往该处,看其房间制造之法若何,是否专用砖石,不用木植。并其书架款式若何,详细询查,烫成准样,开明丈尺,呈览。寅著未至其家之前,可预邀范懋柱与之相见,告以奉旨:因闻其家藏书房屋,书架造作,甚佳,留传经久。今办《四库全书》,卷帙浩繁,欲仿其藏书之法,以垂久远。故令我亲自看明,具样呈览。尔可同我前往指说。如此明白宣谕,使其晓然,勿稍惊疑,方为妥协。将此传谕知之。仍著即行覆奏。

寅著于乾隆三十九年(1774)夏赴宁波范氏家查看,随后具文上奏:

天一阁在范氏宅东,坐北向南。左右砖甃为垣。前后檐,上下俱设门窗。其梁柱俱用松杉等木。共六间:西偏一间,安设楼梯。东偏一间,以近墙壁,恐受湿气,并不贮书。惟居中三间,排列大橱十口;内六橱,前后有

《四库全书》

门，两面贮书，取其透风。后列中橱二口，小橱二口。又西一间，排列中橱十二口，橱下各置英石一块，以收潮湿。阁前凿池。其东北隅又为曲池。传闻凿池之始，土中隐有字形，如"天一"二字，因悟"天一生水"之义，即以名阁。阁用六间，取"地六成之"之义。是以高下、深广及书橱数目、尺寸，俱含六数。特绘图具奏。

　　自是年秋起，清高宗即命仿范氏天一阁之制，开始了内廷四阁和江浙三阁的建设，相关的文献资料比较丰富。高宗之《文源阁记》云："藏书

之家颇多，而必以浙之范氏天一阁为巨擘，因辑《四库全书》，命取其阁式，以构庋贮之所。既图以来，乃知其阁建自明嘉靖末，至于今二百一十余年。虽时修葺，而未曾改移。阁之间数及梁柱宽长尺寸，皆有精义，盖取'天一生水，地六成之'之意。于是就御园中隙地，一仿其制为之，名之曰文源阁。"其《文渊阁记》云："阁之制一如范氏天一阁，而其详则见于御园文源阁记。"关于文津阁，高宗有"天一取阁式，文津实先构"之句，下注云："命仿范氏天一阁之制，先于避暑山庄构文津阁，次乃构文源阁于此。"《高宗御制文余集》题《文津阁诗识语》之"文津阁"下注云："是阁与紫禁城、御园、盛京之三阁，均仿范氏天一阁，以贮《四库全书》者。" 又《御制诗》五集《趣亭》之"书楼四库法天一"句下注："浙江鄞县，范氏藏书之所名天一阁，阁凡六楹，盖义取'天一生水，地六成之'，为厌胜之术，意在藏书。其式可法，是以创建渊、源、津、溯四阁，悉仿其制为之。"关于江浙三阁，《御制诗》五集《文汇阁叠庚子韵》首联"天宁别馆书楼耸，向已图书贮大成"，下注："此阁成于庚子，亦仿天一阁之式为之。"《御制诗》五集《题文澜阁》有"范家天一于斯近，幸也文澜乃得双"句。上述六阁，规拟之迹显然。文宗形式虽无文可征，然模仿天一阁当也无疑。

七阁阁式悉仿天一阁，但并不是照搬照抄，而是根据皇家等级和藏书数量，略有变化，七阁本身也不尽相同。以在紫禁城内的文渊阁为例，"阁三重，外观若两，盖其下层复分为二焉。上下各六楹，层阶两折而上，瓦青绿色。阁前甃方池，跨石梁，引御河水注之。左右列植松桧，阁后叠石为山。山后垣，门一，北向。门外稍东，设直房，为直阁诸臣所居。阁内，正中设宝座，悬高宗御笔匾，曰：汇流澄鉴。"可见阁之外观及内部陈设

与天一阁有所不同，并不十分拘泥。

除了七阁建筑模仿天一阁外。七阁的命名也从"天一生水"而来。高宗《文源阁记》云：

文之时义大矣哉！以经世，以载道，以立言，以牖民，自开辟以至于今，所谓天之未丧斯文也。以水喻之，则经者文之源也，史者文之流也，子者文之支也，集者文之派也。流也、支也、派也，皆自源而分。集也、子也、史也，皆自经而出。故吾于贮《四库》之书，首重者经，而以水喻文，愿溯其源。且数典天一之阁，亦庶几不大相径庭也夫。

其《文溯阁记》又云：

四阁之名，皆冠以文，而若渊、若源、若津、若溯，皆从水以立义者，盖取范氏天一阁之为，亦既见于前记矣。若夫海源也，众水各有源，而同归于海，似海为其尾而非源，不知尾闾何泄，则仍运而为源。原始反终，大易所以示其端也。津则穷源之径而溯之，是则溯也、律也，实亦迫源之渊也。水之体用如是，文之体用顾独不如是乎？

内廷四阁命名如此，江浙三阁，文汇、文澜、文宗也如此，惟镇江多水，"淙"去水而成文宗。

由于清高宗修四库七阁，对天一阁阁式及命名大为推崇，模而仿之，使天一阁享旷世之荣。

3. 论贡献　奖赏天一阁

天一阁的殊荣远不止这些，它还获得了清高宗的多次嘉奖。如前所述，高宗于乾隆三十八年（1773）三月指名征书以后，至五月，各省进呈之书

文渊阁、文津阁、文澜阁、文溯阁图一组

已颇可观，浙江鲍士恭、范懋柱、汪启淑，江苏马裕等四家各进书五六百种。于是高宗乃下诏制定奖励办法三种，以为好古者劝：（一）奖书，进书在五百种以上者，赏《古今图书集成》一部；在一百种以上者，赏《佩文韵府》一部。（二）题咏，进书中有精醇之本，高宗亲为评咏，题识简端。并令书馆录副后，尽先发还。（三）记名，私人进书在百种以上者，其姓名附载于各书提要之末。各省采进本在百种以下者，亦将由某省督抚某人采访所得，附载于后。天一阁首先获得了《古今图书集成》一部。乾隆三十九年（1774）五月十四日上谕中云：

今阅进到各家书目，其最多者如浙江鲍士恭、范懋柱、汪启淑，两淮之马裕四家。为数至五六七百种，皆其累世弄藏，子孙克守其业，甚可嘉尚。因思内府所有《古今图书集成》为书城巨观，人间罕构，此等世守陈编之家，宜俾专藏勿失，以示留贻。鲍士恭、范懋柱、汪启淑、马裕四家，著赏《古今图书集成》各一部，以为好古之劝。

《古今图书集成》是一部庞大的类书，高宗赏书给天一阁，不仅范氏子孙引以为荣，地方人士亦视为艺林盛事，载入地方史册，对浙东藏书风气起到了推波助澜的作用。据近代浙东著名藏书家冯孟颛先生记载，乾隆年间的浙东另一藏书家、抱经楼主卢址羡天一阁有《古今图书集成》，竟至北京购得《古今图书集成》底稿以归，以为抗衡范氏之资。当时一为底稿，一为赐书，珠玉交映，竞美一时，引为艺林佳话。至光绪间，《古今图书集成》已由一万卷减至八千三百余卷，宁波知府宗源瀚仍撰联称颂："杰阁三百年老屋荒园足魁海宇，赐书一万卷抱残守缺犹傲公侯。"此书目前仍保存完好。

而天一阁进献之书，蒙清高宗御笔题诗的，有《周易要义》（十一卷），宋魏了翁纂，《意林》（五卷），唐马终纂。《周易要义》上御题诗云："四库广搜罗，懋柱出珍藏。"《意林》上御题："五卷终于物理论，太玄经下已亡之。设非天一阁珍弄，片羽安能忻见斯？"对天一阁的献书、藏书大加赞扬。至于"将其姓名附载于各书提要末"者，本文第一部分已述，入《四库》"著录"类九十六部，入"存目"类三百七十七部，已无须多言。

天一阁除获得规定的奖励外，清高宗还于乾隆四十四年六月，赐《西域得胜图》三十二幅；五十二年二月，赐《金川得胜图》十二幅。《金川得胜图》于光绪年间散佚，《西域得胜图》有高宗题字，弥足珍贵，今尚存阁中，引为至宝。

总之，在纂修《四库全书》的过程中，由于清高宗弘历的关注和推崇，作为一家私人藏书楼，天一阁获得了空前绝后的殊荣，并大出其名。虽然天一阁进呈的书籍大多未被发还，对天一阁来说是一大损失，但在国家级的"百科全书"中，在钦定的藏书楼中，都有了它的生命。特别是在之后的岁月里，地方官僚和范氏子孙因之更加重视天一阁，"世世宝之"，终使它留传至今，成为我国现存最古老的藏书楼。

二、御赐《古今图书集成》与《平定回部得胜图》

御赐的《古今图书集成》与《平定回部得胜图》（即《西域得胜图》）由于既是皇家所赐之物，又各具重要的文献价值和史料价值，都成为天一阁的镇阁之宝。在此专门作一介绍。

1.《古今图书集成》

《古今图书集成》的初稿创始于清康熙四十年（1701）十月，完成于康熙四十五年（1706）四月，是由陈梦雷倡议并主持编成的。于雍正三年（1725）定稿，次年用铜活字排印，至雍正六年（1728）印成。

陈梦雷，字则震，福建侯官人。康熙九年（1670）中进士，三年后请假返闽省亲，适逢耿精忠起兵响应吴三桂，陈梦雷因兵阻不能出，"三藩之变"平定后，陈梦雷遂因此被逮入狱。康熙二十年（1681）四月，朝廷最后论定处斩。翌年，康熙特旨赦免死罪，谪戍奉天尚阳堡。至康熙三十七年（1698），康熙东巡时，陈梦雷献诗得帝旨意放回，康熙并命其教习西苑，最后成为诚亲王胤祉的侍读。

《古今图书集成》是陈梦雷在诚亲王府里一手编成的。但这部书出版

御赐《古今图书集成》

后，书上并没有陈梦雷的名字，却署上了雍正时户部尚书蒋廷锡之名，而且在清世宗御撰《古今图书集成序》中，说此书是康熙继其敕修的各种专科书籍后，发意不要的一部综合性巨著。这究竟是什么原因呢？原来《古今图书集成》完成以后，在修订时，康熙逝世，王室内部发生了兄弟争夺储位的争斗，结果胤禛（即雍正）夺得了帝位。胤禛和他的兄弟产生了矛盾，诚亲王胤祉当然亦不例外，于是陈梦雷被认为是胤祉的要员，又被遣，雍正为了掩盖《古今图书集成》原稿的真相，就任命蒋廷锡等重加编校。陈梦雷的集子《松鹤山房集》卷二里的一篇《进汇编启》，是研究这部书的最重要的文献。看了这篇文字，就可了解编制《古今图书集成》的真实情况。

编纂《古今图书集成》，实由陈梦雷所倡议。这一倡议，诚亲王不但同意，而且拨给图书资料、经费和抄手，由陈梦雷独立主持，编纂完成。从出版后的《古今图书集成》的体例来看，基本上是陈梦雷在康熙年间完成的本子的一个原稿。原来的六编，仍是六编；原来三十二志，后来不过改为三十二典。至于由三千六百多卷析为一万卷，陈梦雷曾有此安排，他在《进汇编启》中说"若以古人卷帙较之，右得万余卷。"所以这部书署上蒋廷锡的名字，实际上是在雍正指使下冒名顶替的。

《古今图书集成》是我国现存古代类书中最大的一部。编辑时间距今最近，资料最富，并且分类极细，查检方便，所以对于现代从事文化史研究或其他学术研究的中外学者来说，仍不失为一部用途广泛的古代百科全书。

《古今图书集成》迄今共有四次印本。第一次印本即是雍正六年用铜活字印的，共印六十四部，每部书分订五千册，分装五百二十三函，五千

零二十册，一万卷。书前有雍正的序文，书首有蒋廷锡的表文。当六十四部书印成后，除颁赐皇室贵胄、在朝显官外，后来在乾隆纂修《四库全书》时又赏给江浙地区进呈书超过五百部的藏书家各一部，这样库存就没有了。所以铜活字本《古今图书集成》流行世间并不多，印出不久，即被视为珍籍。天一阁所得即是此本，保存基本完整。国内目前仅北京图书馆、故宫博物院、中国科学院、辽宁、甘肃、徐州图书馆有藏，有的已不完整。国外仅伦敦不列颠博物馆藏有足本，惜已改装成洋装。而法国巴黎、德国柏林均藏有残卷，天一阁藏本更显珍贵。

第二次印本，在光绪十年（1884），上海图书集成局依据原铜活字本铅印1500部。由于这次印本字体过扁，排印紧密，看起来很费力，加之脱页错字很多，至光绪十六年（1890），经总理各国衙门奏准，交上海同文书局石印影制一百部。这次印本，经详加校正，注意缺图缺页，分订考证24卷附在卷后，所用底本有字画不齐和纸现黄斑的都用笔涂盖，再用墨笔描写清晰，所以印本墨色鲜明，精过殿本。1934年，中华书局采用康有为旧藏殿本重印，缩为三开线装本，以原九页合一页联印，这是第四次印本，也是比较切合实用的本子。1986年，中华书局与成都巴蜀书社联合重印1934年本，改为十六开精装本，并邀请广西大学学育编制索引，这个印本是《古今图书集成》最新最佳的版本。

2.《平定回部得胜图》

铜版画在我国属外来画种，它起始于14世纪的欧洲。文艺复兴前期意大利、德国的手工业相当发达，雕刻工匠们最初用雕刻刀直接于金属（主

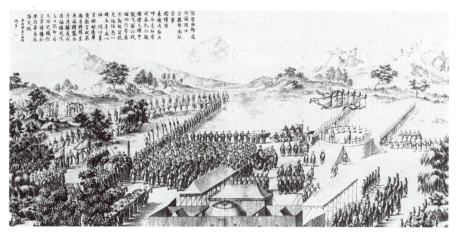

御赐《平定回部得胜图》

要为铜制品）器皿上镂刻装饰图案，而后在铜版凹纹制作的基础上演变成用于印刷事业的专门技艺，即凹版的制版工艺。随着印刷事业的发展，又出现了铜版画艺术，至今已有近600年的历史。

铜版画于明末传至我国。明万历十九年（1591），西方传教士利玛窦携来宗教铜版画《宝象图》、《圣母怀抱圣婴》等4幅，赠与当时制墨大家程大约。后程氏将其以木版摹刻形式收入《程氏墨苑》，其雕刻技法已表现出富有明暗凹凸、生动逼真的西洋铜版画风格，因而引起国人注意。铜版画的制作工艺非常复杂，对绘图、雕刻、印刷及所用纸墨等材料的要求也非常严格，费工费时，耗资巨大，在当时的欧洲也被视为名贵品种。有明一代，未闻我国有铜版画之作。清康熙年间，社会初现盛世，罗马教廷想用西方的物质文明利诱中国权贵，便派遣了擅长各种技艺的耶稣会士来华，西方的铜版画、绘画的明暗立体处理法及其他的技艺引起了中国人的

兴趣。

　　清宫铜版画的刻刊始于康熙五十二年（1713），第一件作品是意大利传教士马国贤（Matteo）主持雕版印刷的《御制避暑山庄三十六景诗图》。而乾隆时期是清朝宫廷铜版画刊刻的繁荣时期，并达到了鼎盛。清王朝为

抱经楼

宣扬武功，组织绘制了一系列铜版画战图，最为著名的即为《平定回部得胜图》。

《平定回部得胜图》是乾隆时期为记述清廷平定厄鲁特蒙古准噶尔部和天山南路维吾尔大小和卓部叛乱而绘制的一组铜版画。这套战争组画乃遵乾隆谕费用绘制，当时供职清廷的西洋耶稣会传教士画家郎世宁（Joseph Castiglione，1688~1766）、王致诚（Jean Denis Attiret，1702~1768）、艾启蒙（Ignace Sickepart，1708~1780）、安德义（Jean Damascene，? ~1781）等在向随征将士详细调查了战争过程的基础上，采用中西结合的绘画技法，不但形象地记录了重要战斗的激烈场面，并且具体入微地刻画了交战双方的武器装备、兵马阵式、攻防设施、作战方式、后勤供给、军事地理等战争要素，堪称一部形象的战争史，对认识清朝前期火器和冷兵器并用的鼎盛时期战争面貌具有较高的史料价值。

是图为册页装一函，34幅，16幅图为铜版印刷，18幅文字为木片印刷，作品纵52厘米，横90厘米。当时绘制后，送法国雕版印刷。清廷本来提议由英国办理，但法国耶稣遣使会的最高首领路易斯·约瑟夫意识到这是提高法国国威的一个机会，并称铜版雕刻在法国已炉火纯青，遂与法国签约。此事由法外交大臣伯坦负责，具体事宜由王子建筑制造厂主管马里尼处理，复制商科尚负责挑选精于雕刻的工匠。自乾隆三十年（1765）将画、稿分批送往法国，至乾隆四十年（1775）全部铜版画作品分批到达中国，历时十年，"支付款数达20400里拉（法国旧币制单位，每一里拉相当于旧制一两白银的价值）"，这在当时是非常昂贵的。

是图画面采用全景式构图，场面宽广辽阔，结构复杂，人物情节繁多，

但刻画入微。作品的构图、人物造型、影色描写、明暗凹凸、透视等都反映了当时欧洲铜版画制作的最高水平。

这批铜版画分批抵达清宫后，乾隆皇帝也陆续将部分颁赏给皇子和文武大臣。台湾故宫博物院现藏军机处月白内含有清单多件，"第一次赏给阿哥们、亲王、大臣得胜图十八份，第二次颁赏得胜图二十四份，第三次三十六份，第四次十九份，第五次颁赏四份。"乾隆四十九年（1784）又上谕："今将得胜图的铜版画分送全国各地行宫及寺院保存陈设。"另据故宫藏嘉庆、道光年间陈设档案记载，清漪园（颐和园前身）的月波楼、静明园（即玉泉山）的空翠岩、静宜园（即香山）的太虚室等处均陈设了多种战图。初由法国分批送回的铜版战图，每图图版下方有雕版者的法文印刷体签名，其中部分图版上方有乾隆的御题诗。天一阁所藏即为第五次颁赏给四位藏书家的有乾隆御题的铜版画，弥足珍贵。而目前故宫所藏大部分作品是由宫内造办处于乾隆三十七年奉高宗命"著造办处刷印铜版图之人刷印呈览"的后印本，与法国刻印者相较，内府用法国镌刻铜版刷印的战图之纸墨和印刷稍逊色。

这套由法国刊刻的铜版战图，后来仿刻印刷出版了多种版本。1783至1785年法国著名雕刻家赫尔曼（1743~1806）仿刻有一组小型铜版《平定准噶尔回部得胜图》16幅，版面为原格式的一半，清光绪十六年（1890）德国人沙为地石印出版名为《大清国御题平定新疆战图》，日本京都也曾影印出版名为《乾隆铜版画准噶尔得胜图》，另外，还有梅盖特博物馆藏《乾隆战迹铜版画》。是图名称较多，《石渠宝笈续编》著录为《平定伊犁回部战图》，国立中央图书馆善本书目著录为《平定回疆图》，故宫图书馆编《清

内府刻书目录解题》著录为《平定伊犁回部得胜图》,《萝图荟萃》著录为《御题平定伊犁回部全图》等等,都为此图。

三、天一阁与民间藏书楼

乾隆对天一阁的关注、模仿和奖赏,为私家藏书楼树起了一杆钦定的旗帜,天一阁成为藏书家看齐的目标和追赶的对象。自此以后,许多藏书家遂纷纷以天一阁为榜样,其建筑式样、其藏书特色、其保护措施、其管理模式,乃至命名方式全都成了仿效对象。

在宁波城里的藏书家卢址(1725~1794)就是这样的一位典型。卢址,字丹陛、青崖,鄞县人。他对范氏天一阁的羡慕可以说是溢于言表而付诸行动的。卢址生于当地文献世家,从小在良好的诗书礼乐教育下,有着慕古嗜书的癖好。他经过30多年的购书抄书的积累,藏书所达到的规模,“几出天一阁之上”(《鄞县志》)。于是,他为之筑建了一座“修广间架,悉仿范氏。惟厨稍高,若取最上层;须驾短梯”(黄家鼎《抱经楼藏书颠末记》)的藏书楼。据姚椿在日记中所记亲自登临该楼后的回忆,“其族人在者五六人,诸规制皆仿天一阁”。言下之意,似乎除藏书楼的“硬件”之外,连藏书管理制度这种“软件”,抱经楼也是照搬范氏的。

敢于作此结论,是因为地方志上还记录下来了如下这则有趣的掌故。据说,卢址“尝为未得内府《图书集成》为憾”。他感到遗憾的原因,实是因为在乾隆三十八年(1773),范钦八世孙范懋柱响应朝廷号召,代表范氏宗族向皇帝进献了六百三十八种珍贵典籍,供四库全书馆臣编纂之用。范家为此而得到了铜活字本《古今图书集成》一万卷的嘉奖,这在当时是

引以为无上荣光的事。

《四库全书》开馆征书的时候，卢址的藏书已经具有一定规模了，但不知什么原因，在中央和地方官府所点名的藏书家中，并没有他的名字，这样卢家当然也就没有了效忠皇帝的机会及其以后获得奖书的资格。因此，当他听说在北京可以买到《古今图书集成》这部巨编的稿本时，便倾家荡产地急命族中子弟前往购买，志在必得。以至于书到之日，"衣冠迎于门"。当地方志记载："卢址……羡天一阁之有《图书集成》也，竟至北京购得《图书集成》底稿以后，以为抗衡范氏之资。当时一为底稿，一为赐书，竞美一时，甬人引为艺林佳话。"

曾为抱经楼服务近10年的黄家鼎在《抱经楼藏书颠末记》云：

历三十年，得书之富，与范氏天一阁埒。乃于居旁隙地构楼，修广间架，悉仿范氏。惟厨稍高，若取最上层，须驾短梯。四面有围，围外环以垣墙，略植花木以障风日。

……

扬州吴引孙测海楼

其保守之法，亦祖述天一阁。平日封锁，禁私开，禁烟火，禁出借。每岁伏日检曝，非云甸毕集不上楼。其所以无中堕，无偏废，良有以也。

虽然，抱经楼藏书最终并没有像天一阁那样幸运地完整传承下来，但是能够持续到 20 世纪初的 1916 年才散出（其中史著佳本为刘氏嘉业堂所得），也可谓模仿得法者也。数年前，我们到宁波城里的君子营，还能见到这座外观同天一阁建筑款式一模一样的古朴苍劲的抱经楼，矗立在街巷民居之间，为当地百姓日常生活之所。卢氏抱经楼果然是模仿和忠实于范氏天一阁的典型，但是对于这一典型作出异动反应的却也有人在。同在浙东而位于余姚梁弄镇的五桂楼藏书主人就是这样的一个代表。五桂楼是在清嘉庆十二年（1807）落成的。其创始人黄澄量，字式筌，号石泉，有志于学，日寝书丛，聚得图书在 5 万卷以上，于是在其宅南"创楼三间，庋藏卷轴"（蒋清翊《五桂楼藏书记》）。1811 年，他在《五桂楼藏书目识》中，明确了自己与范氏不同的藏书管理方式，从而体现出他对天一阁以"典藏"为首务的藏书规制的"革命"。他说：

今世藏书之家，惟宁波天一阁为最久。其制：橱门楼钥，子孙分房掌之；非齐至不得开，禁书下楼梯及私引亲友。擅开，皆罚不与祭。故历久而书不零落。余既构楼三间，以藏此书，盖欲子孙守之。后世能读椟书，可登楼展视。或海内好事，愿窥秘册者，听偕登焉。

但他同时也为子孙立下了严格的家规："黄氏经籍，子孙是教，鬻与假人，即为不孝。"也就是说，黄氏是希望自己的后人，不要仅仅把五桂楼内收藏的经籍当做"文物"一样地来爱护，而是要求他们能够汲取其间的知识，"以经训涉其德性，以史事扩其见闻，而又旁通诸子，泛览百家，以增长

无锡薛福成文选楼

识力"。从而使得私家藏书复归到其本来的"藏以致用"的价值层面上，这对于不准子孙擅自登楼看书的天一阁来说，无疑是一大进步。

我们也千万不要以为天一阁藏书楼的影响力仅仅在浙东一隅。就在"五桂楼"建成以后的那些岁月里，在南京城南一带有一位姓甘的大藏书家也一直做着藏书梦。然而终因信息不灵，到了数千里以外的南京，关于天一阁的好名声传得就有些走样了：

有人云：四明范氏天一阁，藏书架间多庋秘戏春册以避火也，予谓春册乃诲淫之具，虽是名笔，岂可收藏？况与古人书籍同列，更滋亵渎。避火之说，本自何书？范氏贻谋不若是其谬，当是传闻之误。纵或信然，亦不足法。

家大人闻之曰："尔之言是也。惟闻天一阁北方有隙地，垒石为坎卦，取生水之义，此实有至理，异日予家'津逮楼'，宜北向，即于壁间以砖作坎卦六象，其谨识之。"（《白下琐言》卷六）

这里的"家大人"，即金陵藏书家甘福（1768~1834）。甘福字德基，号梦六，"津逮楼"就是由他在清道光十二年（1832）建成的。可惜仅传世30年，这座坐南朝北、上下三楹的大藏书楼，就被毁于太平天国攻占南京城的战火之中。

假如说，清代"文源阁"、卢氏"抱经楼"、黄氏"五桂搂"和甘氏"津逮楼"主要还是模仿天一阁建筑的"硬件"的话，那么，曾经充分考察过天一阁和五桂楼的阮元，就曾经在较大范围内推广过天一阁"但在阁中，毋出阁门"（阮元《杭州灵隐书藏记》和《焦山书藏记》）的藏书管理经验。而曾在宁波任职的薛福成、吴引孙都在家乡模仿天一阁建造了自己的藏书楼。

而1939年8月在上海成立的，由张元济、叶景葵、陈陶遗、陈叔通等主办的合众图书馆（1953年6月将馆藏图书捐献给上海市政府，后并入上海图书馆），一时"购地建屋，小有规模"（《张元济、傅增湘论书尺椟》，商务印书馆1988年版）。而其经营思想，除了征集私人藏书以外，就是学习范钦天一阁的藏书经验，致力于当时的通行本图籍收藏，以待来者。

至于担任过南京中央大学教授的现代史学家朱希祖（1879~1944）更曾决心学习天一阁在藏书管理方面的经验。1943年底，他接受长子朱楔的建议，计划将分散在北平、南京和安徽乡下保存的三处珍贵藏书集中一地，仿照范钦将天一阁藏书作为家族公有资产以求久远保藏的做法，设立家族式的私立"郦亭图书馆"，后因病在重庆去世而没有实现。此外，无锡阮元传经楼、扬州测海楼、镇海郑氏十七房郑勋之敬业堂、林近鳌之近性楼，或全盘照抄，或吸取天一阁的营建理念，在不同程度上进行了模仿。由此看来，天一阁在它问世以后的三个多世纪中，一直是公私藏书家心目中不遗余力追求的文献保存典型和文化楷模。

第六篇　历劫仅余五分一
——承传四百载天一阁书尚存

　　中国图书命运多舛。在中国藏书发展史上，书籍旋聚旋散的现象不仅多，而且非常显著。典籍图书不断遭受自然灾害或人为破坏而散佚毁失的文化事象，被称为"书厄"。古人和今人对书厄现象有过详细的探讨和研究。

一、历史上的书厄

　　第一次对书厄现象进行历史总结的是隋代学者牛弘。他在《请开献书之路表》中提出了著名的"五厄论"。"五厄"之说为：一是秦始皇焚书；二是西汉赤眉入关；三是董卓移都；四是刘石乱华；五是周师入郢，梁元帝自焚烧书。其后，唐封演在《典籍》中对牛弘之说从而广之，补充了一些史料，尤其是隋以来的一些史料。牛弘、封演所称书厄，除秦始皇焚书是由于政治原因外，其余几厄多偏重于兵燹之劫。到了宋代，洪迈《书籍之厄》已注意到私人藏书更不易永久，或毁于水火，或暂传而散。而稍后的周密在同名文章中对藏书聚散之故，除战乱、政治、水火诸因素外，复

增"藏书家子孙不善保藏而致图书散佚"一条，已基本论及藏书散佚的四大原因。至明代，论述书厄者更多，有邱浚的《书厄论》、谢肇淛的《物聚必散三篇》、陆深的《书厄论》，而最著名的则是胡应麟的《书厄论》。胡应麟将牛弘的"五厄"扩为"十厄"。其新增五厄为：一是隋大业十四年（618）江都焚书；二是安禄山入关；三是黄巢入长安；四是靖康之难；五是南宋末伯颜南下，大军入临安。至清代，姚觐元、孙殿起、章太炎、钱振东、陈登原及近代邓实均又有论述。尤其是慈溪籍学者陈登原不仅著有《天一阁藏书考》，而且有专论典籍聚散的《古今典籍聚散考》，将聚散原因归为四条，即一是受厄于独夫之专断而成其聚散；二是受厄于人事之不藏而成其聚散；三是受厄于兵匪之扰乱而成其聚散；四、受厄于藏弃者之鲜克有终而成其聚散。他称此四条为"艺林四劫"。陈登原之后，祝文白在牛弘的五厄、胡应麟的续五厄基础上，再续五厄：一为李自成攻占北京，二为钱谦益绛云楼被焚，三为清高宗编《四库全书》时焚书毁板，四为太平天国战争及英法联军攻陷北京，五为日本侵华"一·二八之役"炸毁东方图书馆及在沦陷区劫夺中国公私藏书。

以上是关于中国藏书史上重大书厄事件的罗列及书厄原因的分析，有助于我们了解历史上开展藏书事业的艰难。

二、天一阁的书厄

黄宗羲先生曾为天一阁作《藏书记》，其开篇曰："读书难，藏书尤难，藏之久而不散，则难之难矣。"私人藏书，无论收藏如何之富，管理如何之严，"久"则散之，"不散"则难。天一阁自创立至1949年的近400年间，

饱经忧患，历尽沧桑，藏书也陆续散出。对于天一阁书厄现象的研究，首推陈登原。陈登原在《天一阁藏书考》中将范氏藏书的散佚划分为三个时期，即"一曰洪杨以前者，实为阁书以管理有所不及，而逐渐散佚"，"二曰洪杨之役，则实阁书大批散佚之时期"，"三曰洪杨以后，盖经丧乱之余，而又重以盗窃之祸。黄台三摘，抱蔓可归，此其时也。"并罗列诸

重修前天一阁老照片一组

多事实。陈登原对天一阁书厄的探讨属"书厄论研究派",重在对其历史原因的分析。而稍后的冯孟颛对天一阁书厄的研究,则属于以时序排比书厄事实的"书厄史记录派",直接延续了牛弘、胡应麟、祝文白"五厄论",提出了著名的天一阁藏书"五劫说"。

冯孟颛先生认为,每当朝代更迭、社会动荡或战乱之时,图书极易散。天一阁藏书的散佚中的"五劫",其中"四劫"与此相关。"五劫"具体如下:

明清易代之际,阁书"稍有阙失",但尚存十分之八。这是阁书首次遭劫。

清高宗弘历于乾隆三十八年(1773)开四库全书馆,纂修《四库全书》,向天下征求遗书,范钦八世孙范懋柱进呈阁书 638 种,绝大多数未归还。这是阁书的第二次遭劫。

道光二十年(1840),鸦片战争爆发,英国侵略军占领宁波,掠取《一统志》及舆地书数十种。这是阁书第三次遭劫。

清咸丰十一年(1861),太平军攻入宁波,即陈登原所谓"洪杨"时期。守天一阁的范氏子孙逃难于乡下,游民毁阁后墙垣,潜运范氏藏书低价出售。后来虽然经范氏后人范邦绥,及鄞县知县偕宗老多方购求,稍稍复归。这是阁书第四次遭劫。

民国三年(1914),窃书大盗薛继渭入阁盗书,丧失过半。此为第五劫。第五劫反映了范氏藏书家族共管的弊病,我们不妨细说一下。

民国初年,诸多遗老隐迹沪滨,常常以摩挲、摆弄古物以排遣他们那日薄崦嵫的日子,致使古玩字画、古书拓片价格飙升。上海六艺书局老板陈立炎,精于鉴别,迎合风气,常于没落故家购书以牟其利。他曾亲至宁波,向天一阁后裔商购阁书之事。限于阁书属范氏家族共有、共管的事实,

未有结果。但陈立炎志在必得，他根据清光绪年间薛福成编的《天一阁见存书目》中的名贵图书，摘编成本，注明卷数册数，以油印本作诱饵，让大盗薛继渭设法盗取。薛继渭于1914年3月来甬，"挟书目枣实"，开始疯狂的盗窃活动。他昼则鼾睡，夜则秉烛按书目索书，饥则食枣，潜伏其中半月，竟神不知鬼不觉，窃得善本图书1000余种。

薛继渭把窃得的书从水路运至上海，先后卖给上海六艺书局陈立炎、耒青阁杨云溪、苏州博古斋柳永春。六艺书局、耒青阁又将书卖给食旧廛肆。食旧廛肆将大部分书转卖给湖州南浔资本家蒋孟苹。部分为上海滩洋人所得，小部分流向社会。

天一阁藏书在沪出售的消息是缪荃孙提供的。缪荃孙（1844~1919）是近代著名的文献学家、藏书家。那时他侨居沪上，忽闻阁书大批出售，初以为天一阁后裔居然肯卖，实属不孝，乃致涵范氏问个究竟，方知乃沪上奸商偷往，而范氏后裔也方才知晓。事后登阁，发现烛泪满地，遗矢狼藉，大批善本图书不翼而飞。范氏后人虽发现线索，鸣官究治，最后只有薛继渭被判处有期徒刑九年，后病死狱中。而范氏天一阁所失之书，或为遗老瓜分，或以无范氏藏书印记、无法稽核为由，一本也不曾追回。事后缪荃孙登阁，编有《天一阁失窃书目》二册，虽错漏不少，也可作此次失窃书的大概参考。

经过此次浩劫，天一阁的藏书已从范钦时代的七万卷锐减至一万三千卷。此后未曾有大的损失，故有后来郭沫若的"历劫仅余五分一，至今犹有万卷余"的诗句。

地方有识之士关于天一阁善后问题的主张

人物	时间	主张	资料来源
戴季石	1921 年	收归公有	《致邑绅张让三书》
王育勤	1926 年	公之于众	四明学会编《明铎》
杨子毅	1930 年	维护地方文明政府责无旁贷每年秋天 政府派员复查	《又令天一阁族老范佑卿文》
杨铁夫	1930 年	公诸地方人士建设侍郎图书馆或赠诸公家	《重修宁波范氏天一阁图书目录序》
陈登原	1932 年	管理之权归诸公家	《天一阁藏书考》
鄞县文献会	1933 年	以公家之力筹款修复古物而归公管理	陈训慈《晚近浙江文献概述》

第七篇　人民珍惜胜明珠
——建设五十年书城始成规模

明州天一富藏书，福地婵嫒信不虚。

历劫仅存五分一，至今犹有万卷余。

林泉雅洁多奇石，楼阁清癯类硕儒。

地六成之逢解放，人民珍惜胜明珠。

　　这是郭沫若于 1962 年 10 月 26、27 两日连访天一阁后亲笔题写的大幅中堂。"地六成之逢解放，人民珍惜胜明珠"，反映了天一阁在新中国获得了新生。

一、私家藏书聚天一

　　中华人民共和国成立以后，由于中央人民政府对于文物、图书的重视，由于人民对中央人民政府的爱戴和信赖，许多收藏家纷纷将私人所藏的文物、图书捐献给国家。而著名的天一阁，由于已由国家管理，遂以其深远而广泛的文化影响，自 20 世纪 50 年代以来，一直是宁波藏书家捐书的去处，

成为宁波私家藏书的汇聚中心。

　　早在 50 年代初的全国收藏家捐赠热潮中，就有张侗捐献其父张琴所藏书帖，张伯觐捐献其父张申之所藏书籍，刘同坡兄弟捐赠其父刘楚芗所藏书籍，张爽清捐赠其父张世训所藏书籍，李蕴捐赠自藏书籍，共有百余箱之多；徐荣增、荣辉、荣棠兄弟三人则将其父徐余藻遗书捐赠。1956 年，宁波市图书馆古籍部成立时，市政府调拨这批捐书入藏。

　　1957 年 7 月，张月琛捐赠其樵斋藏书五万七千卷给天一阁。张明琛（1897~1957，字季言，浙江镇海人）的樵斋位于上海愚园路张氏居所，系为纪念启蒙老师张樵庄办学而命名。他原拟在家乡霞浦设立"樵斋图书

千晋斋（外）

千晋斋（内）

馆"，后考虑到霞浦较为偏僻，便于去世前数月把全部藏书捐赠给天一阁。樵斋所藏多丛书，且多晚清木刻本和石印本，民国以来影印或重印的古籍也颇丰富。

　　1962年4月，冯贞群家属将伏跗室藏书十万余卷捐出，亦由天一阁接收入藏。冯贞群（1886~1962），字孟颛，号伏跗居士，原籍浙江慈溪，先祖时迁居宁波。1932年任鄞县文献委员会委员长，1947年任《鄞县通志》编纂。新中国成立后，任浙江省文史研究馆馆员。伏跗室藏书多得自故家旧藏，乡

冯贞群编目像

付跗室藏书

朱赞卿像

邦文献收藏甚富。善本有宋刻《名臣碑传琬琰之集》、元刻《春秋属辞》、清黄宗羲《留书》抄本、清史荣《李长吉古诗补注》稿本等，共三百种。

1979年8月，朱鼎煦家属将别宥斋十余万卷藏书和一千七百余件字画文物捐赠给天一阁。朱鼎煦（1886~1968），字赞卿，浙江萧山人，系鄞县律师，新中国成立后，任浙江省文史研究馆馆员。别宥斋藏书曾分藏两处：一处在萧山，所藏有明代方志、清初禁书等，抗战时期移藏山阴下沥桥，不幸于1940年尽付一炬；另一处在宁波府侧街寓所，后迁入孝闻街，捐献的书即此处藏书。其藏书多善本，有宋刻《五代史记》、顾千里校《仪礼》、黄宗羲辑《明文海》稿本等，共千余种。此外，还有说部传奇、科考之书和百家杂说等。

1979年10月，孙家溎家属赠送宁波城南塔前街蜗寄庐一千四百余卷藏书给天一

阁。孙家溎（1879~1946），字翔熊，号蜗庐主人，浙江宁波人，曾任鄞县文献委员会委员，在1915年至1930年间，故家旧藏纷纷流散，他借机选择善本，并以前蓄新刻加价换取旧籍。故其虽藏书数量不多，而善本珍本甚众，有元刻《隋书》、《范文正公全集》，明刻《蔡中郎

朱氏捐赠献书仪式的朱氏家属

集》，明抄《圣宋名贤四六丛珠》，绘图本《彩绘天象图占》等，共计四百四十七部，约占其总藏书量之半。

清防阁主人杨容林先生像

1979年10月，杨容林家属将清防阁藏书一万二千余卷捐赠给天一阁。杨容林（1892~1971），字容士、道宽，浙江宁波市人，继承其父杨臣勋清防阁藏书，并续有增益，又购入二铭书屋原藏碑帖。清防阁藏书积两代藏本，多清代中期以后刻本，善本有数十种之多，如明弘治刻《精选古今名贤丛话诗

孙定观、杨容林捐赠仪式

林广记》、万历刻阮大铖的《和箫集》等。

此外，还有张孟契捐赠其先人所藏古籍三千余卷，袁梅棠家属赠送静远仙馆藏书，以及其他各家零星捐赠之书。

可以说，现藏古籍三十余万卷的天一阁博物馆藏书，实际上是由宁波地区藏书之家的藏品重新构建而成的。以范氏天一阁为代表的私家藏书的百川归流，说明着我国藏书家钟爱典籍、化私为公的恢弘文化胸怀。天一阁骆兆平先生曾著文总结说：

> 藏书家们为保存祖国文化遗产，都花去了不少精力和财力。这一批批古籍都凝结着他们的汗水和辛劳。有的节衣缩食，经、史、子、集，兼收并蓄；有的批校题跋，长年累月以此为乐；有的在战乱的环境里，不顾个人安危，跟随图书颠沛流离，他们把藏书化私为公，为保存和弘扬中华民族优秀的藏书文化作出了无私的奉献。

从这一点上讲，天一阁已不仅仅是天一阁了，它还成了宁波藏书文化的缩影。

二、字画家谱增阁辉

天一阁向以藏书闻名，世人只知天一阁藏书之富，而不知天一阁藏画亦丰。天一阁的藏画被其藏书盛名所掩，而未引起广泛关注。其实，天一

阁藏的书画也颇具特色。从数量上讲，有四千幅之多；从质量上讲，品格高迈，不乏名家大作；从风格上讲，汇集了不同时期、不同流派的作品；从地域上讲，宁波地方书画家的作品占有相当的份额。由于种种原因，天一阁书画长期深锁阁中，"养在深闺人未识"，无法与广大艺术工作者和爱好者见面，成为一大憾事。1996年以后，由于天一阁书画馆的建成开放，阁藏书画作品不时展出，加之《天一阁书画选》、《天一阁藏法书专辑》的出版，使天一阁所藏书画露出冰山一角。而家谱也是天一阁藏书中的新品种，相关目录虽在有关书籍中有所披露，但外人知之不详，多有误解，以为任何家谱天一阁中都能查找。书画家谱既是阁中新增收藏品种，实有略作介绍之必要。

1. 阁藏法书

　　天一阁的书法作品可以分为两大类，一为宋以来历代名家之作。中国的书法是中华民族优秀的艺术成就，具有自己的民族特色，几千年来为广大人民群众所喜闻乐见。历代书法名家辈出，篆、隶、真、草，各具风格，不断有所创新。天一阁的藏品上及宋元，下抵近世，历时数百载，代代宗师，多有真迹，且不乏精品力作。作为天一阁镇阁之宝的宋人黄庭坚草书《刘禹锡竹枝词》，用笔流畅，势如破竹，奔放雄健，挺劲瑰丽，随心流转，如龙蛇奔腾，无所拘束，一气呵成，无愧为国宝；元人李楷书《张公艺传并赞》，端楷兼带隶意、苍老秀劲、神韵盎然、笔秀墨香、古色斑斓、真趣长存，乃天一阁又一镇阁之宝。明人作品较多，祝允明的草书《五言诗手卷》，纵横挥斥，奔放直前；徐渭行书《白燕诗》之三，羊毫书写，精

力充足，结构平衡，有磊落之气；董其昌所书《录唐人诗句》，率意自然，天真平淡；陈继儒草书《五绝诗》，气势流贯，神采飞扬；张瑞图草书手卷，用笔迅速纯熟，线条盘旋跳荡，尖利挺劲，一气直贯。天一阁藏清代以来名家作品更多，如傅山、查士标、刘墉、梁同书、邓石如、铁保、陈鸿寿、汤贻芬、林则徐、何绍基、翁同龢、赵之谦、任颐、梁启超、吴昌硕、李瑞清、章太炎、李叔同，均属高介者；傅山之娟秀恬静，刘墉之刚劲柔注，铁保之精熟老练，梁同书之纵横自然，邓石如之刚劲柔注，何绍基之雄强骏发，翁同龢之宽博醇厚，赵之谦之"颜底魏面"，吴昌硕之凝练遒劲，李瑞清之浑厚苍劲，无不从中可见。

　　天一阁书法藏品的另一部分为宁波地方书家的作品。宁波是我国的历史文化名城，几千年来，在这块肥沃的土地上孕育了一代又一代书画艺术家。据统计，自三国以来，宁波历代书画家多达千余人，其中有不少在我国书法、绘画发展史上闪耀过灿烂光辉的名家，他们的传世佳作，被视为中华民族珍贵的文化遗产。虞世南是宁波历史上第一位称誉国内的大书法家，早年亲近王羲之七世孙僧智永传授，继承二王笔法，外柔内刚，圆融遒丽，与欧阳询、褚遂良、薛稷并称"初唐四大家"，传世书迹有《孔子庙堂碑》、《汝南公主墓志铭》等。宋代宁波书家以张孝祥、张即之为有名。张孝祥深得颜鲁公用笔之三昧，清劲放逸，雄秀兼具。他的状元策、诗、字，当时被称为"三绝"。宋高宗见其手迹，赞曰："必将名世"。张即之为张孝祥的侄子，其书法初学米芾和张孝祥，后融合欧阳询、褚遂良体势笔法，自出新意。他的细书俊健不凡，尤喜写擘窠大字，笔意兼行，清劲绝人。今天一阁尚存其《重建逸老堂记碑》。元代浙东著名书法家有袁桷，

其书法从晋、唐中来，尤得力于柳公权，遒媚劲健，顿挫分明。存世书迹有《同日分涂帖》、《旧岁北归帖》。今天一阁明州碑林尚存有袁桷书写的《庆元路重建大成殿记碑》。到了明代，宁波的书法艺术取得了新的成就，出现了像金湜和丰坊这样的大家。金湜以擅书法授中书舍人，待诏文华殿，隶书、行书具有汉晋书风，亦擅篆书。其作品被日本、朝鲜等国所珍藏。丰坊书学极博，五体并能，尤精草书，董其昌誉为"丰考功（坊）、文待诏（徵明）皆墨池董狐也"。其所著《书诀》，论述学习书法的方法，尤注重于篆籀，具有一定的参考价值。丰坊书迹甚多，仅天一阁就藏有其草书《长诗》、草书《与霞川文学契家启二通帖石》、草书《临兰亭集序帖石》、草书《千字文帖石》、正书《大上像妙法莲华经观世音菩萨普门品帖石》、正书《大悲咒大慧礼拜观音文帖石》、草书《祝殇子磐生净土序论帖石》、草书《底柱行帖石》等，丰坊书法艺术从中可见一斑。作为我国历史上最著名的藏书家，范钦不仅以所藏书籍名享中外，其书法也堪称上品。其行草书法可比肩沈周、文徵明，被丰坊誉为海内奇才未尚绝。而思想家王守仁，由于其理学、文学上的成就和政治上的显赫名声，掩盖了其书法上的成就。他的书法远学"二王"，近学"张李"（张弼、李东阳），但不刻意追摹古人，而是自成面目。他的楷书端庄、温润、沉着，行草瘦劲、坚挺、清雅。

明末清初的著名书家有史大成、周容、姜宸英、万经。史大成系顺治十二年（1655）状元，官至礼部左侍郎。他的书法以临摹"馆阁体"楷书入手，端庄秀整，行书临宋元，挺拔秀逸。周容书法笔力遒劲，寓锋芒于浑朴中，见灵气在笔墨外，时人将其手笔视为拱璧。姜宸英为清初四大书法家之一，书宗魏、晋、唐诸家，能"以自己情性合古人神理"，潇洒蕴藉，莹秀悦目。

万经师法清初书法家郑簠，以草法作隶书，绮丽飘逸。他还著有《分隶偶存》二卷，论述分隶诸法，并考证自秦程邈至明末马如玉共三百一十二名隶书家作品、生平。

近代以来，宁波书学大家辈出，梅调鼎、赵叔孺、钱罕、沙孟海皆一时俊彦，称誉全国。梅调鼎精于经学，能诗、画，尤长于书法。其书法早年宗"二王"，旁及诸家，被誉为"不施脂粉，自然美丽"。中年后参入欧法，变圆为方，笔力拗拔。晚年潜心北碑，得力于《张猛龙碑》及《龙门十二品》，笔势转为沉雄剽悍。其书法成就获极高评价，开浙东一代书风。赵叔孺以书画、篆刻应世，被誉为"书画金石三绝"，有弟子七十二人，多卓然成家。其书法崇赵孟頫、赵之谦，精通四体，尤工篆隶，落墨凝练，气韵生动，浑厚朴茂，有金石气。钱罕是浙东书风的继往开来者。他初师同乡先辈梅调鼎，后博采汉、晋、南北朝、隋、唐众长，出入挥洒，变化多姿。他又致力于碑学，卓有成就。当代沙孟海称其"平生涉笔碑志文字大小凡百余石，每石皆有特色，古今书家殆无第二手"。沙孟海为20世纪宁波最杰出的书家，他早年多作篆隶，中晚年喜写行草，尤擅长擘窠大字，人称"海内榜书，沙翁第一"，蜚声中外。其书法以气势胜，雄深刚劲，跌宕多姿，波磔天成，郁勃飞动，达到很高的艺术境界，并有深刻的理论创见，成为现代书苑一代宗匠。

2. 阁藏绘画

与书法作品一样，天一阁也收藏有宁波历代画家的作品和中国历代著名画家的作品。就地方画家的作品而言，在古代若明宫廷画家吕纪、"今

之马远"王谔，清代若与李鲩齐名的玉几山人陈撰、人物画家包楷、大梅山人姚燮，近代若书画印三绝的赵叔孺，现当代若工笔花鸟画家陈之佛、国画大师潘天寿等，都有收藏。就全国性画家而言，大名鼎鼎如元代的吴镇，明代的何澄、张平山、文徵明、陈淳、蓝瑛、陈洪绶、孙枝，清代的王原祁、傅山、黄慎、罗聘、华竣，现当代的张大千、张善孖、齐白石、黄宾虹、李可染等，他们的作品都有收藏，其中不少都是国家一级文物。现择要介绍数幅。

张平山《人物立轴》。张平山（1464~1538），明代画家，名路，字天池，号平山，河南祥符（今开封）人。此轴以树、石、人物构图，右侧石壁峭立，松荫如盖，针叶葱茂，苍劲挺拔。松下立一长者，长须垂胸，凝视，身穿长衫，衣着落笔工细。头戴巾冠，神态自若。人物画风直追李公麟。款署"平山"，钤"张路印"白文方印一方。

何澄《溪山雨霁图》。何澄（生卒未详），明画家，字彦泽，号竹鹤老人，江苏江阴人。永乐元年（1403）举人，宣德间（1426~1435）擢袁州牧，正统时（1436~1449）卒，年九十九。此轴以浮动的烟雾捧出层层山峦，显出雨后初晴的景色，溪水辽阔，狭处架板桥一座，林木深处隐现房舍数檐，河畔泊一小舟。山间气氛静谧，给人以世外桃源之感。画左上款"竹鹤老人写"。钤有"何澄之章"、"戏翰墨"二白文方印。

文徵明《山水扇面》。文徵明（1470~1559），明代书画家，吴门四家之一。初名璧，后以字行，改字征仲，祖籍衡山，号衡山居士，江苏长洲（今苏州）人。画面满布山水，瀑布直下，松下高士相对，如听瀑声，松挺荫绿，远山近树，山青水秀，设色秀丽，浓淡有序，山下有平畴，四周林木茂郁，四人分别

论谈。平畴深处，有石路径一，山岗有殿堂几楹，右边隙地，亦有轩昂殿堂，清凉世界，宁静无比。末款题"甲寅十月廿日，徵明制，时徵明年八十有五"。

陈淳《墨笔山水大堂轴》。陈淳（1483~1544），明代画家。字道复，更字复甫，号白阳，又号白阳山人，苏州人。擅写意花卉，淡墨浅色，风格疏爽，意趣盎然，与徐渭齐名，并称"青藤白阳"。是图构图特点是以一个春字统领全局。写春山葳蕤，用米点皴把山尖点缀得毛茸茸的；写春云，突出它的动势。作为背景的两座山峰，稍分前后，如张开的口，让缥

天一阁藏书法作品
文徵明书岳阳楼记扇面

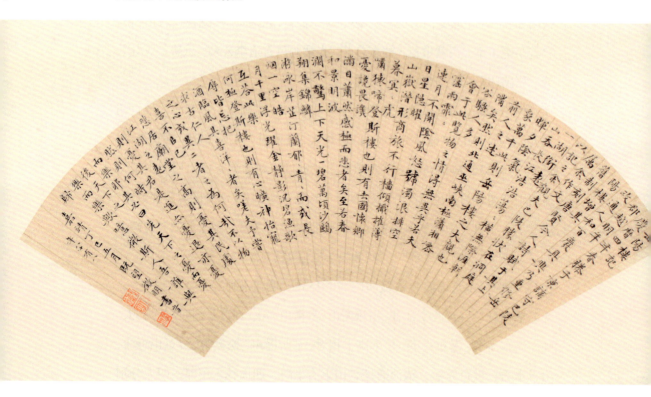

绖的白云从口中慢慢吐出来，凝成云团，弥漫谷内。写春水，借题跋上"云向山中宿，泉从云外来"之句，进一步点出"一夜春雨飞泉急"的春山春水特殊景观。写春树、丛竹，则用没骨写意手法，使备受滋润的树杪篁竹更显精神抖擞。而掩映在林木中的三间茅屋，正是画家栖身的白阳山居。

孙枝《西湖纪胜图册》。孙枝，明代画家。字华林，又号华林居士，江苏吴县人。此册绘杭州西湖十四景，引首"山水清音"四字，莫是龙书。"西湖纪胜"四字，周天球书。十四景依次为法相寺、紫阳庵、孤山、高丽寺、大佛寺、柳洲亭、烟霞阁、八仙台、万松书院、石屋、太虚楼、灵隐寺、上天竺、虎跑泉。西湖美景尽现纸上。诸图画法简洁，笔法遒劲，青绿设色，美丽而不流俗。楼、洞、亭、殿、山、台、院落，层次清晰，工整平稳，用笔有法，显示出高超造诣。每图均有名家题诗。

蓝瑛《仿宋人山水扇面》。蓝瑛（1585~1664），明末清初画家，字田叔，号蝶叟，晚号石头陀、东郭老人、梦道人、西湖外史，钱塘（今杭州）人。扇面仿宋人设色山水，清隽秀雅，神采蓬勃，墨色清雅，层次明媚。前山底，后山高耸，中有空谷，树叶葱绿，映出山谷，更为秀丽。山川崎岖曲径，江川跨有三孔木桥，樵夫、商贾行于桥上，山间空谷，骑驴墨客，往层楼杰阁而去。末题"乙未重九，法宋人，舞墨于西施山房，蝶叟蓝瑛，明年七十一也。"有"蓝瑛"、"田叔"朱文方印。

陈洪绶《梅花山禽图》。陈洪绶（1599~1652），明末清初画家。字章侯，号老莲、悔迟，亦号弗犀、云门僧、九品莲台主者，浙江诸暨人。此轴设色秀劲，画面以太湖石、梅花、山禽为题材。湖石棱角浓墨勾勒，剔透玲珑，小石一块，更使画面均衡。梅花横斜，干枝坚硬如石，一枝绕石，梅花盛放暗香润心。枝头栖翠羽山禽，淡雅宁静中给人以动态感受。款署"陈洪绶写于青溪书屋"。钤有"陈洪绶"、"章侯氏"二白文方印。

王原祁《山水扇面》。王原祁（1642~1715），清初画家。字茂京，号麓台，江苏太仓人。是图设色青绿，山峰层层叠叠渲染，中峰高耸，曲径流溪，幽处平畴，松茂林荫，平桥流水，茅屋数楹，有桃源之趣。款题"戊子嘉平仿赵松雪写春峦积翠，原祁"，有"原祁之印"、"麓台"二白文方印。

傅山《石鼓文考册》。傅山（1607~1684），明末清初书法家、学者。

字青主，别字公沱，号真山、青竹、仁仲等，山西阳曲（今太原）人。《石鼓文考册》为傅山入清后作，全册十开，考证详实，注出有典，为研究石鼓文难得的资料。"石鼓文"三字为隶书，笔法秀劲；释文及考证，书法娟秀恬静，雅有法度。结构点画之间，神韵气贯，笔随自然，一丝不苟。后页钤有"傅山之印"白文方印。

黄慎《人物扇面》。黄慎（1687~1768），字躬懋，一字恭寿，号瘿瓢子，又号东海布衣，福建宁化人，后居扬州。擅粗笔写意，人物画造诣最高，花鸟山水也有特色，

天一阁藏书画作品
郑燮的《柱石图》

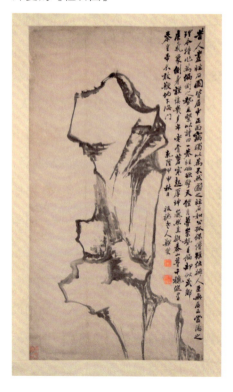

为"八怪"之一。此轴赏花图人物三位，赏花者为长者，身穿袍服，头戴巾帽，脚履长靴，倪礼赏花。一女子手捧花篮，篮中盛有鲜花。赏花者身后一儿童肩负一杖，杖上系葫芦。题"雍正十二年春三月写于广陵美成草堂闽中黄慎"。有"黄"、"慎"二白文方印。

罗聘《罗汉像轴》。罗聘（1733~1799），字遁夫，号两峰，又号花诗僧，扬州人。为金农入室弟子，是"扬州八怪"之一。此轴有高大蔽荫的菩提树，树下平台盘石，罗汉趺坐平台，台铺以叶蒲，罗汉手执法尘。一童子在岩下磨药，罗汉俯视之。台石后衬以双构秀竹。无创作年月，为罗聘成熟之作，布局、笔墨无不臻妙，设色淡雅，为上乘之品。题"罗聘敬绘"，钤"扬州罗聘"朱文方印，另一印不清。

华竣《花鸟轴》。华竣，清代画家，生卒年不详。字贞木，一字绳武，号松崖，福建上杭人。华岩子，乾隆二十五年（1760）举人，不仕。书画得家传。此轴以花鸟假山石为画面，地上横斜立石，石旁有修竹数竿，秆上伫立画眉，似在静视观察。堆砌的山石旁有紫薇花一株，一枝斜挺，栖立鹦鹉，红唇绿羽，含意欲语。全幅上下贯通，活跃雅致，有闲逸、超脱的韵味。款题"春露晓含丹紫慧，竹华凉映绿衣深。丙子秋日，拟元人笔法"。钤有"华竣"、"松崖"二白文方印。

3. 阁藏家谱

家谱，是一种以表谱形式记载一个以血缘关系为主体的家族世系繁衍及其重要人物事迹的特殊图书体裁。自古以来，曾有多种称谓，家谱仅是其中使用最多和最有代表性的一种，其余名称大致还有：族谱、族系录、

族姓昭穆记、族志、宗谱、宗簿、宗系谱、家乘、家牒、家史、家志、家记、百家集谱、世录、世家、世本、世纪、世谱、世传、世系录、支谱、本支世系、枝分谱、帝系、玉牒、辨宗录、列姓谱牒、血脉谱、源派谱、系叶谱、述系谱、大同谱、大成谱、氏族要状、中表簿、房从谱、诸房略、维城录、谱录、房谱、祠谱、坟谱、近谱、会谱、全谱、合谱、统谱、通谱、总谱等等。家谱在不同时代显现出不同形态，发挥着不同作用。从古至今，中华民族的各族先民们编制了难以数计的各类家谱，虽经岁月侵蚀，流传至今的尚有两万余种，其内容之丰、价值之高，很值得我们今天去了解和认识。

追溯家谱的源头，比方志还早，几乎与中国进入文明社会相同时。中国最早的甲骨、金文中，就有一些是家族世系的记载，这实际上是最早的家谱。周代的《世本》，学术界公认为是中国家谱的开山之作。诞生在战国时代的《春秋公子血脉谱》，开我国家族史籍以"谱"为名之先河。这一切表明中国家谱的起源可上溯到先秦时代。

汉代以后，中国家谱无论是内容还是体例，都较先秦有重大发展。魏晋南北朝时期，门阀势力极度膨胀，选用官僚实行九品中正制，官之升降，"不考人才行业，空辨姓氏高下"，"有司选举，必稽谱牒"，与之适应，修谱之风极为盛行，当时大大小小的地主热衷于编纂用以表明自己门第、家世的家谱，国家设谱局，置谱官，"人尚谱系之学，家藏谱系之书"，谱牒学应运而生，从而推动中国谱牒编修达到兴盛时期。

唐朝初年，修谱继续为官府所垄断。为了打击旧有门阀势力，抬高李氏皇族的社会地位，唐太宗李世民组织力量编纂《氏族志》，"取今日官爵高下作等级"，重新排定等级，旧有门阀势力受到重大打击。武则天出身

寒门，组织力量将《氏族志》改为《姓氏录》，将原未列入的武氏列为一等，又一次打击了旧有士族势力。

宋代是中国家谱发展史上的重要时期。编纂方式由过去主要由官府修谱发展为私家修谱。家谱功能上，也由过去主要是社会政治功能发展为"尊祖、敬宗、收族"的伦理道德教化功能。封建统治者大力鼓励私修，"聚其骨肉，以系其心"，以利于巩固封建统治。著名学者欧阳修、苏洵分别编修《欧阳氏谱图》和《苏氏族谱》，总结前人修谱章法，创立较完整的修谱体例，为众多修谱者所接受，成为影响后世修谱的最基本的体例格局。

明清时代，盛行私家修谱。很多谱仿正史、方志的体例来进行编修，使家谱的体例更加完整，内容更加丰富。这时，几乎姓姓有谱，族族有谱，家家有谱，而且家谱一修再修续修，不仅汉族修谱，各少数民族也莫不如此，修谱几乎成了中华民族全民性的一项文化活动。

近十年来，人们对家谱类著作价值的认识逐渐加深，除认为家谱中存在许多封建糟粕，如家谱中宣扬封建专制、封建迷信以及商品经济观念淡薄、缺乏民主意识等，但也充分肯定家谱是一种珍贵的历史文化遗产，至少具有三方面的重大价值。首先是文献资料价值。数量可观的家谱，不仅对家族制度、婚姻制度、人口兴替等研究有着不可替代的资料价值，即对历史学、民俗学、社会学、经济学、教育学等都能提供许多重要资料。如称雄一时的"宁波帮"的研究，其中不少有价值的资料主要是从"宁波帮"所在家族的家谱中寻得的。其次，家谱具有教化功能。家谱中一般都有"家训"、"族规"、"家法"之类的内容，其中固然有不少封建思想，但其中如敬长老、孝父母、尊师长、崇俭朴、戒奢侈、禁赌博等伦理规范以及家谱

中记载的很多志士仁人的忧国忧民的爱国主义精神、自强不息的奋斗精神、追求真理的奉献精神等，对促进现代文明建设也有积极作用。第三，为寻根认同提供重要资料。寻根认同，是中华民族具有强大凝聚力的生动表现。随着改革开放的进一步发展，海外游子过去梦想的寻根谒祖，早已成为现实。特别是香港、澳门的回归，祖国的强盛，更增强了海内外炎黄子孙的向心力，于是访故里、访故旧、访祖国，掀起了更大的寻根认同热。浩如烟海的家谱资料则为寻根认同提供了保证。家谱在进行爱国主义教育、开展寻根认同、促进祖国统一方面确实具有其他资料所不能取代的作用。

与此同时，家谱的记录和整理工作逐步走上正轨，进入了一个新的历史阶段，出现了一些专门的家谱目录。在已出现的专门家谱目录中，可以区分为反映一处收藏的馆藏家谱目录和反映收藏处所的联合家谱目录及撰有提要的家谱提要目录。这些不同类型的目录形式，对于进一步了解、把握、利用家谱资源发挥了积极作用。

80 年代初，日本学术振兴会出版了日本学者多贺秋五郎的《宗谱之研究》，在其著作的下册记录了日本收藏的中国家谱 1491 部，美国收藏的 1406 部，中国（含港、台）收藏的 9800 部，共计 12697 部，不足的是其中包括了相当数量的重复收藏，实际数目远没有这么多。1984 年，台湾成文出版社出版了美国人编的《美国犹太家谱学会中国族谱目录》，这是一部馆藏目录，共收录了美国犹太家谱学会收藏的中国家谱 2811 部，另有补遗 298 部，合计 3109 部。1987 年，台湾省各姓历史渊源发展研究会发行的《台湾地区族谱目录》，收录台湾地区所藏各类家谱 10600 余部，成为一时之冠。

    1983 年，南开大学历史系组织力量对北京地区公共图书馆和高校图书馆收藏家谱状况作了初步调查。1984 年，在此基础上，国家档案局、南开大学历史系、中国社会科学院历史研究所图书馆决定扩大调查范围，联合编制一部能够反映海内外中国家谱收藏情况的大型工具书《中国家谱综合目录》。经过多年努力，此目录已于 1997 年由中华书局出版。这部大型家谱目录一共收录大陆 400 多家图书馆、文化馆、文管会、博物馆、纪念馆、文物商店等单位和海外公、私收藏的大陆与台、港、澳地区 1949 年以前编制的家谱资料 14719 种。全目正文按谱主姓氏集中，以笔画顺序编排，同一姓氏的家谱，则按各家族居住地排列，正文著录依次为：顺序号、谱名、卷数、纂修人、纂修时间、出版时间、版本、册数、藏书单位等，书后附有"地区索引"和"报送目录单位名单"两个附录。虽然此目录没有、也不可能穷尽国内现在的所有家谱，但仍可视为当今我国规模最大，也是最权威、最便利的一部家谱综合目录。

    80 年代以来，我国收藏家谱较多的北京图书馆也对馆藏家谱进行了清理与编目工作，并在此基础上组织人力为馆藏 3000 余部家谱逐一撰写提要，目前已基本完成，其内容客观记述了家谱的姓氏、谱名、卷数、纂修者、版本、序跋、图像、目录、体例等，着重叙述纂修原委、始祖姓名、世系沿革和谱中其他较有价值、有助于学术研究的资料。

    1992 年 4 月，山西人民出版社出版了根据山西省社会科学研究院家谱资料研究中心收藏的中国家谱缩微胶卷编成的《中国家谱目录》，本目录共著录姓氏 251 个，收录各类家谱 2565 种，依姓氏笔画为序编排，姓氏之下，冲刷谱或跨两省以上者，其后以地区编排，地区之下，则以刊刻先后时间为序。每一条目之下，著录谱名、卷数、时间、纂者、刊刻年月、册数、页码及馆藏索书号，比较简略。

上海图书馆收藏中国家谱（原件）约12000种、90000余册，其藏量几乎为全国公共藏书机构家谱数目之总和，是国内外收藏中国家谱最多的单位。馆藏家谱计有329个姓氏，种数超过300种的有张、陈、王、吴、刘、李、周、徐、朱、黄等姓，其中张姓家谱最多，数量达638种。地域分布于浙江、安徽、江苏、湖南、福建、江西等全国10余个省市。馆藏家谱年代最早者为宋内府写本《仙源类谱》（残页），有明代刊本、抄本近三百部，以及大量清代至民国期间木活字本和刊本，不少是纂修家谱的稿本和底本。典藏中不乏中国历史文化名人家谱，如李鸿章、左宗棠、盛宣怀、鲁迅、荣毅仁、刘少奇、包玉刚、蒋介石、胡适、钱钟书等人的家谱。

上海图书馆设有谱牒研究中心，专门从事谱牒整理、研究及其资源的开发，并与海内外各大家谱研究机构、华人宗亲组织建立了广泛的业务联系，完成了多项家谱资源开发项目。1998年11月，成功举办了"全国家谱开发与利用"学术研讨会，编辑出版了《中国谱牒研究》。《上海图书馆馆藏家谱提要》经数年之功，业已出版，篇幅达两百万字，2000年5月，由上海图书馆、上海海峡两岸学术文化交流促进会联合举办的"谱牒研究及其资源的开发"国际学术研讨会在上海举行，编辑出版了《中华谱牒研究》。上海图书馆谱牒研究中心下设全国唯一一个家谱阅览室，每年接待的海内外"寻根问祖"人士数以万计。

2000年6月，由中国国家图书馆主办的中文文献资源共建共享合作会议在北京召开，来自祖国大陆、港澳台地区及新加坡、美国、荷兰等国的

42家中文图书馆及中文资料收藏单位代表参加了会议，会议就推动全球中文文献资料共建共享问题进行了研究与协调，并决定由上海图书馆主持编纂《中国家谱总目》。上海图书馆专门编制了《〈中国家谱总目〉著录规则》。《总目》的收录范围为：（1）举凡中国（包括台、港、澳地区）、外国藏书机构收藏和散见于民间的2000年底之前刊印的用汉字记载的中国各民族家谱，包括以家乘、族谱、世谱、支谱、房谱、宗谱、统谱、总谱、通谱等命名的谱牒，概加收录。中国家谱包括迁移海外的华裔家谱，以及从境外迁居中国并在中国繁衍发展的宗族的家谱。（2）家族世系、考订家族世系源等专类图籍，也加收录。（3）单行本和丛书本一并收录。丛书本由上海图书馆统一编目。（4）家族的个人行状、年谱、诗文、专著等不予收录。间杂于其他图籍而非单独成册的家族世系等资料不予收录。著录项共九项，为书名、责任者、版本、载体形态、附注、先祖名人、装订、收藏者、备注。《总目》是《中国家谱综合目录》编纂工作的继续和发展，它大量增加收藏于海外的中国家谱，同时扩大收录范围并增加著录项目。《中国家谱总目》是中国家谱资源开发与利用中的一项基础性工作，它的完成将积极推动谱牒学的研究，并将进一步加强海内外华人对中华文明的认同感，其意义深远。

　　天一阁现藏家谱500余种，其来源有四个方面：一是阁藏旧谱，但只有《苏氏谱》和《庐陵曾氏家乘》两种。二是鄞县通志馆移交。《鄞县通志》始修于1933年，至1951年全书告竣，机构解散，底稿和全部资料，包括碑帖拓片、家谱都移交给设在天一阁的古物陈列所。三是1949年后从废纸店陆续收购了一批旧书谱。特别是1966年"文化大革命"开始后，横

扫"四旧"之风席卷各地，许多家谱被当做"四旧"之物，源源不断进了废品仓库，阁中同志出于保护、抢救祖国文化遗产之心，多次到废品公司仓库和造纸厂原料仓库进行拣选，抢救了大批家谱。这是天一阁家谱的最大来源。四是20世纪90年代以来，除陆续收购和接收捐赠的一些旧家谱外，随着家谱编修热的重新兴起，也接收了部分捐赠的新修家谱。

天一阁收藏的家谱具有以下三个特点：一是地域性强，绝大部分为聚居于宁波市区和鄞县的氏族家谱，占总数的三分之二以上；市属奉化、慈溪、余姚、象山、镇海次之，有七八十种。二是多晚清和民国时期的木刻版家谱。三是多本地世家大族和工商世家的家谱。

阁藏家谱编有《天一阁藏家谱目录》。此目乃按照国家档案局、教育部、文化部关于编制《中国家谱总合目录》的要求编写，由邬向东先生著录编排，收录阁藏家谱403种，1982册，此目完成于1985年，反映了当时的收藏情况。此目后被编入《中国家谱综合目录》和《宁波市志外编》，为外界提供了阁藏家谱的基本信息。

宁波是一个对外开放历史较早的城市，历史上，特别是近代以来，一大批宁波籍人士走南闯北，活跃在世界的各个舞台上。据统计，仅当代在海外的宁波籍人士就达30多万，国内更难以计数。改革开放以来，一大批海内外宁波籍人士怀着火热的故土之情、乡友之爱到故乡寻根、旅游、走亲访友，他们热情投资，慷慨解囊，造福桑梓，对家乡的经济建设和社会发展作出了重要的奉献，家谱在这方面发挥了重要的统战作用。如1984年为"世界船王"包玉刚先生提供包氏家谱一事，便是最生动的一例。当年10月30日下午，包玉刚先生一行参观了天一阁。当天一阁工作人员拿

出镇海《横河堰包氏家谱》时，他从座位上站了起来，认真查看。家谱中记有包玉刚先生夫妇二人的生日，包玉刚诸兄弟还是北宋赫赫有名的龙图阁大学士包拯的二十九代嫡孙。人们热烈鼓掌，祝贺包玉刚先生找到了自己的根。新华社专门发了电讯，香港许多报纸作了报道。消息传开，许多宁波籍人士，如万氏、陈氏等侨胞均先后要求查阅自己的家谱。天一阁藏家谱在动员全世界的"宁波帮"都前来建设宁波发挥了很好的作用。

三、赓续传统收新志

纵观历代藏书家，乡邦文献的搜集、整理、收藏是他们藏书活动的重要内容之一。地方志书的编纂和藏书事业的发展有着相辅相成、互为促进、互为因果的关系。地方史志的编纂有赖于藏书家对乡邦文献的搜集、整理、提供，凡是藏书事业发达的地方，地方史志的编纂也就发达。江浙两省是中国历史上藏书事业最发达的地方，也是方志编纂最多的省份。自宋以来，浙东的藏书家养成了收藏地方史志的传统。到了明代，范钦更是将收藏的范围扩大，以收藏全国的方志为己任。虽然像范钦一样收藏全国方志的藏书家并不多见，但收藏地方史志的传统在浙东藏书家中传承了下来，并成为浙东藏书家的收藏特征之一。

中国共产党历来重视整理旧方志和编写新方志的工作。新中国成立以后，毛泽东、周恩来等老一辈领导人都曾多次提出续编新方志的问题。1956年，国务院规划委员会成立了地方志小组，并在《十二年哲学社会科学规划》草案中提出了编写地方志的任务。1958年10月，起草了《新修方志体例方案》。当时在中宣部领导下，由中国科学院具体领导全国编修

新方志的工作。截止到 1966 年 6 月，全国有 20 多个省、市、自治区，530
余个县建立了修志机构，开始了新志的编写工作。后因"文革"中断。党
的十一届三中全会后，随着我国社会主义建设进入一个新的阶段，编写新
方志的热潮逐渐在全国各地兴起。1980 年 4 月，胡乔木同志在中国史学会
代表大会上率先倡导修志问题。他说："地方志的编纂，是十分迫切要做
的工作，现在这个工作处于停顿状态，我们要大声疾呼，予以提倡，用新
的观点、方法和新内容，写新方志。不要让将来的历史学家责备我们这一
代史学家，说我们把中国历史学这一个好传统割断了。"1983 年 4 月，中
国地方志指导小组由中央批准开始了工作。1984 年 8 月，胡耀邦同志批示：
"地方志工作要有一个敢抓敢闯的人牵头。"1986 年中央领导同志又要求
写好县志。在党和政府的关怀下，新地方志的编写工作发展很快。到 1986
年底，全国除西藏和台湾外，其他 28 个省、市、自治区都建立了办事机构，
全国 300 多个市中有三分之二、2000 多个县中有 1800 多个都建立了地方
志编委会和办公室，负责修志工作。

据中国地方志指导小组办公室统计，截至 2000 年 9 月 30 日，全国省、市、
县三级志书规划编纂 5881 部（卷），已出版 4287 部（卷），完成规划任务
的 73%。其中省级志书规划 2490 部（卷），已出版 1583 部（卷），完成
规划的 64%；市级志书规划 944 部（卷），已出版 604 部（卷），完成规
划的 64%；县级志书规划 2447 部（卷），已出版 2100 部（卷），完成规
划的 86%。数倍于三级志的专业志、部门志、乡镇志等地方志也已陆续出版。

盛世修志。在全国修志的大好形势下，宁波市于 1986 年成立了市地
方志编纂委员会及其办公室，俞福海任《宁波市志》主编。在俞福海先生

中国地方志珍藏馆

的努力下，积八年之功，广泛搜集资料，精心设计纲目，反复征询意见，着力总纂成书，完成了四百余万字的皇皇巨著，并由中华书局于1995年公开出版发行。《宁波市志》"在方志编纂中发扬了'贵致用、务博综、尚实证'的浙东学派的严谨学风，编纂者以正确的观点、完备的体例、翔实的资料、朴实的文字，记述了宁波的历史和现状，因而具有鲜明的时代特色和地方风貌"（傅璇琮）。新修的《宁波市志》"不仅在篇幅上可以与民国《鄞县通志》相颉颃，而且总体之新，宏观之近，均有过之。综观全志，

天一阁新收藏的地方志

诸凡资料的丰富，内容的翔实，引文录句的严谨，评人述事的审慎，下限与出版时间的接近，照片地图的精致，语言文字的洗练，如此等等，都足以阔步志林，贻惠后世"（陈桥驿）。《宁波市志》广获好评。在编志的八年历程中，主编俞福海先生秉承天一阁创始人范钦收藏当代方志的传统，自己出资收藏新编方志，达一千余种。1997年，俞福海先生将方志捐赠给天一阁博物馆，并迁入天一阁南园的水北阁陈列。同年8月，恰逢全国第一次地方志颁奖会议在宁波举行，时任中共中央政治局委员、国务委员、中国地方志指导小组组长的李铁映同志到会并作重要讲话。在会议期间，他参观了天一阁，对天一阁赓续传统收藏新编方志表示肯定和赞许。他在会上提议，在天一阁设立中国方志馆，以保存80年代以来全国修志成果，使其服务当代，遗惠子孙。李铁映同志的提议得到与会代表的拥护和宁波市人民政府的热烈响应。中国方志馆的建设正式启动。后经中国地方志指导小组批准，正式定名为中国地方志珍藏馆，并于1999年12月16日正式开馆。此后配备专职干部从事访书、理书的工作，新编方志的征集、整理工作取得了显著成绩。截至2001年7月底，中国地方志珍藏馆已收藏全国省、地（市）、县（市、区）三级新志书2100多种、共计4700多册，收藏专业志、部门志、名山大川志等2000多册，占计划收藏总数的80%以上，基本达到全国地方志收藏中心的要求。同时又同步完成了地方志的计算机编目工作，实现计算机检索，为地方志的充分利用奠定了基础。

四、南国书城露英姿

在藏书建设的同时，国家不断加大对天一阁的投入，建设规模越来越

大，建设速度越来越快。天一阁的建设可分为三个阶段：80 年代以前，以天一阁藏书楼周边藏书文化区环境的整治和建设为主；80 年代以天一阁藏书楼文化休闲区东园的建设为主；90 年代着重于南国书城总体规划的实施，第一阶段以陈列展示区的维修和建设为主。下面将从这三个阶段来谈谈天一阁的建设概况。

1. 藏书文化区环境的整治和建设

解放前夕，天一阁落叶满地，荒草萋萋，瓦落墙破，山倒池臭，书乱孔叠，水湿破烂，零篇散帙，鼠啮虫穿，真可谓"阁既破残，书亦星散"，"老屋荒园"，呈现出一副衰败景象。周围居民杂处，隐患严重。1949 年，周恩来在一次会议上指示南下大军保护好天一阁。1949 年 5 月 25 日宁波解放，六十六帅二排副排长王观一带一个班十二位战士驻守天一阁，直到宁波社会秩序恢复，方始撤去。中华人民共和国成立后，宁波人民政府委派专职干部加强了对天一阁的管理工作，并多次拨款对天一阁的书楼、亭园、假山进行维修，重点整治藏书楼周边环境，确保藏书楼安全，又加强了对西区的建设，使天一阁的藏书保护工作迈上了一个台阶。现将重大维修、建设事项胪列如下：

1951 年，市文教局拨款 400 万（旧币），维修天一阁藏书楼。

1953 年，市政府拨款 4000 元，用于征购西邻二层民房一幢三间一弄，以防失慎造成火灾事故；又拨款 1000 元修理藏书楼和将已征购之民房改建为办公室，所征购民宅原系范宅的东厅，为范氏后裔居住生活之处。它处于高墙环绕的天一阁藏书楼外，做到了生活区与藏书区相互隔离，是范

钦为保护藏书的精心安排。现建筑为道光九年重建，1996 年辟为《天一阁发展史》陈列室。

1959 年，市政府拨出专款征购天一阁东首民房 5 间，荒田 10 亩，改建为园林，以美化天一阁环境。扩建工程于年底竣工。至此，天一阁占地面积从 2700 平方米扩大到 8860 平方米，并大大美化了周围环境，五间民房后修葺一新，辟为陈列室，额曰"千晋斋"，陈列马廉先生捐赠的古砖（原千晋斋在尊经阁西边）。

1973 年 8 月，为保护宁波的金石古迹，将甬上散置的具有历史、艺术价值的碑石 69 方移至天一阁，并嵌入外花园新砌的围墙中，作为 "明州碑林"的延伸，外花园初具雏形。

1976 年 7 月，考虑到天一阁散出书籍的陆续访归，地方藏书家的慷慨捐赠，天一阁藏书数量的成倍增加和查阅文献资料者越来越多，天一阁新书库的建设列入政府议事日程。10 月确定新书库地址，征用天一阁西北角空地一亩和民房两幢，耗资 17 万元，历时四年，于 1981 年 2 月交付使用。新书库由宁波市设计院设计，上海同济大学建筑系专家申议，市建一公司承建，为钢筋混凝土结构的三层楼房，面积 980 平方米，可贮书 30 万卷。在设计时，特别注意吸取天一阁古建筑的优点：方向朝南，前后开窗，二楼和三楼各通为一间，以利透风防潮，屋顶为人字形，以利散热；两房砖墙作壁，以利防火；室内用硬质纤维地板，以利防尘，外部装饰小青瓦顶和马头墙，具有当地民间建筑的朴素风格。

在建设新书库的同时，还于 1980 年建西大门和重建东明草堂。西大门门楼和东明草堂系拆迁西河街红星纺织厂原观音寺的大门（清道光十三

年所建）和殿堂（清代建筑）。大门门楼建筑 57 平方米，东明草堂使用面积 66 平方米，共用款 2 万元。天一阁的门面和接待用房均上了一个档次。

通过历年来对天一阁周围环境的整治和西区的建设、外花园的初步建成，天一阁的藏书保护条件和旅游环境得到了极大改善，天一阁使用土地面积达 10576 平方米，为建设南国书城打下了坚实的基础。

2. 文化休闲区东园的建设

宁波自列入十四个沿海开放城市以来，吸引了大量中外来宾。来天一阁参观的人数也随之直线上升。内宾，1980 年为 20845 人次，1985 年上升为 82782 人次，上升四倍以上；外宾，1980 年为 1179 人次，1985 年为 1610 人次，上升 50%。这些中外来宾参观了天一阁之后，纷纷赞誉这一占老的文化单位，认为它是宁波文化的象征、中国文化的象征，是东方和世界文化宝库的一部分。然而美中不足的是，天一阁地方欠大，陈列品欠多，不能吸引更多不同层次的中外游客。外花园的进一步建设被提上议事日程。

1983 年以来，国家对天一阁外花园的投资加大，共投入 20 余万元。总体规划由上海同济大学古建筑园林专家陈从周教授指导设计。园林的设计建设遵守了以下三条原则：第一，从园林之命名到布局，尽可能做到与天一阁既有联系又有区别，风格力求与天一阁园林协调一致，"宁旧毋新"，不使人有太新的感觉。第二，以文物为主，园林衬托文物，园林为文物服务，每件陈设品都有来历，都能道出其历史。大量的文物陈列使其区别于一般公园，能使游人产生更多的兴会与联想。第三，园林花木，以市树樟树为主，广植修竹，盖常绿树能守岁寒，衬之艺术性较高的盆景，常年一片绿色，

郁郁葱葱。

　　经过三年多的经营，花园初具规模，并于1986年国庆节对外开放。

　　天一阁外花园定名为"东园"，取园在天一阁东面之意，园内新挖水池定名为"明池"，取四明之一池之意。"东明"两字又与天一阁创始人范东明同名，以纪念这位创办人的不朽功绩。

　　东园占地十亩，比天一阁原园林面积大两倍。东园的故址，在宋代为丞相史弥远观文府的花园；明时为南京吏部尚书闻渊天宫第的内园，当时是宁波最有名的园林之一。东园建设时，在开凿池塘的过程中，曾掘出内园三孔石桥梁脚的桩基和当时种植在内园的梅花树干和假山石，这一宋、明两代名人的私家花园故址，400年后重建为东园，为人民所用，虽属巧合，

东园照片

亦很有意义。

东园的东面，叠有假山两座，左曰龙山，右曰虎山，所谓左青龙右白虎是也。山名取意于元人揭傒斯所撰的《龙虎山天一池记》，因范钦取其楼为天一阁，今人名其山为龙虎山，可谓珠联璧合。山上筑有鲐埼亭和四明亭，登亭眺望，全园景山，尽收眼底。

东园的主体建筑为两幢木结构的建筑。两幢建筑原为江北岸槐树路51号与63号宁波工业机械技校校办工厂用房，系建于清同治年间的祠堂（张公祠）。祠堂分前后两进，均系单层建筑，面积约300平方米。前幢檐口高约4.3米，硬山式，平列五间，现为东大厅，内设天一阁书画社；后幢檐口高约4.5米，歇山式，三间两弄，翘角飞檐，厅堂高敞，宋锦式屏门，冰梅窗根，结构古朴，现为凝晖堂。厅内摆有宋至清各类帖石六十四方，有宋丞相史浩的手书，有闻名海内的《神龙兰亭》，有明代著名书法家文徵明、丰道生、薛晨的墨迹。四周墙上嵌有清初大书法家姜宸英的老易斋法帖。这些珍贵的石刻，为我们研究、继承书法艺术提供了重要的基础。

东园还有石亭两座，一曰八狮亭，一曰百鹅亭。八狮亭系1959年利用旧石料所建，因八根亭柱上端各有一只小狮而得名。亭旁种有百年紫藤一株，炎夏入亭纳凉，别有一番野趣。百鹅亭系明代嘉靖年间之物，雕刻厚实古朴，造型大方典雅，原为祖关山墓前祭亭，在1959年移建于此。

明池在东园的正中，与天一池仅一墙之隔，既防祝融有不测之灾，又起点缀园林作用，所谓"水为陆之眼"、"因水成景"是也。临厅一面，摺锦石栏，临池横卧，南、西、北三面，砌叠山石，使之山水相连，给人以真山真水之感。池南有小桥两座，溪水淙淙给人以源头活水之感。

园之东端有长廊，为明州碑林之延伸，嵌有宋至清代碑石六十九方。宋代大书法家张即之《重建逸老堂记》和楼璹《耕织图诗》是极为珍贵的文献资料。

此外，东园内尚有许多历史性、艺术性较强的文物和罕见的树木，略举一二。

赑屃两只，系明代作品。负碑的一只作于明嘉靖年间；另一只于1955年湖西陆殿桥下干涸时发现，运藏于此。当时宁波谣传天一阁一只石乌龟活了，逃进湖西河，又被捉了回去，即指此事。

石虎两对，东边系明代之物，西边为元代作品。

精雕石麒麟五方，为明代遗物。

孔子门生颜回石像一尊，乃元代之作。

铁牛，原在鄞县横溪孔家潭一座墓道上。据说墓主属牛，死后其后人铸一铁牛置于坟前。1958年，卖给市废品公司，文物部门从废品仓库中拣选得之，经考证为清末民初作品。

石狮一对，清道光年间作品，原系宁波泽民庙门口之物。十年动乱中被敲碎推入河中。1982年从河中发掘出来，半只大腿无处寻觅，后请老艺人修补而成。

白皮松二株，系珍贵树种，一株为沈曼卿先生生前捐赠，一株为1984年购入。

铁树三株，大的一对已有300余年树龄，系俞佐宸先生生前所赠。另一株的树龄亦有200余年，为徐镛先生家属所赠。

盘槐一株。相传盘槐以前只能种在有地位的官宦人家和衙门门前，有

客骑马来，系马于盘槐树上，马可不得病。

总之，东园的建设，通过假山、明池、长廊、碑林、百鹅亭、八狮亭、凝晖堂、东大厅及众多珍贵植物和文物陈设布置，组成多种美景，清明幽静，典雅开朗，达到了"虽有人作，宛若天开"的艺术效果，成为人们文化休闲的乐土。

3. 陈列展示区的维修和扩建

　　随着天一阁藏书的成倍增加，随着天一阁藏书文化的延伸和发展，随着大环境保护文物概念的确立和人们欲了解天一阁人文资源的愿望的日益强烈，南国书城的建设便成为历史进程中必须解决的新课题。书城建设总

陈氏宗祠

麻将陈列照片

体规划于1994年确定，其主要建设目标为保持天一阁的历史风貌，改善天一阁的文化环境，迁移保护几座有代表性的藏书楼。目前，陈氏宗祠已维修竣工，秦氏支祠已纳入天一阁版图，主干项目一期扩建工程的书画馆和南园建设已完成。南国书城初显英姿。

（1）陈氏宗祠（又名"芙蓉洲"）

宋时月湖有十洲，其一为芙蓉洲。其时芙蓉洲上有感圣寺、常平仓、史丞相府第。明时为闻天官第、李尚书第、范侍郎书第、杨尚书第。闻天官第即明吏部尚书闻渊之宅。闻氏之先乃青州益都人，自宋宣和进士闻实通判明州卜居鄞之乡岩，四世孙闻时政于开庆年间自乡岩移居。闻渊之祖

闻璋，伯父闻元奎、父亲闻元壁均居石马塘。闻渊时迁居月湖之西，称西湖闻氏。闻天官第自当时虹桥直至马牙漕，临河面南，有屋四座，规模宏敞，后渐次回禄，所余者亦屡经易姓改造。陈氏宗祠原为闻氏之后闻羲（字孔彰）之园，园中竹木萧森，绿荫蔽户，不甚高而曲折幽邃，绕廊多植棕榈芭蕉，最宜雨声，在城兰惠，称第一书厅，湖上名士多于此会文。清嘉庆年间归陈汉玉，建宗祠，中藏木主，外匝高墙，以防暴客，无复旧观。新中国成立后为镇明纸盒厂，1985年10月市人民政府决定将镇明纸盒厂使用的厂房划归天一阁使用。经过1994年至1995年的维修，恢复前后三宸之清代建筑面貌，辟为宁波工艺美术陈列馆，陈列有富于地方特色的木雕、骨木嵌镶、泥金彩漆、金银彩绣等地方工艺精品。2001年又被辟为"麻将起源地陈列馆"。

（2）秦氏支祠

秦氏支祠建于1923年至1925年，系秦际藩、秦际瀚、秦际浩为祭其父秦君安而建，时耗银元二十余万。秦君安为在沪上经营颜料的甬籍富商。

祠堂以照壁、台门、戏台为中轴，五间二弄、前后三宸，两侧置有配殿、看楼，占地二亩六分；建筑面积1400余平方米。祠堂建筑融合了木雕、石雕、贴金、拷作等民间工艺，是宁波民居建筑艺术集大成之作。

祠堂的戏台，汇雕刻、金饰、油漆于一体，流光溢彩，熠熠生辉。戏台的屋顶由十六个斗拱承托，为单檐歇山顶。穹形藻井由千百块经过雕刻的板榫搭接构成，盘旋而上，牢固巧妙，为宁波小木工艺之绝招。梁柱多加装饰，尤其在过梁上雕刻各种人物故事，刷以大漆，贴以金箔，得金碧辉煌之效果，是称朱金木雕，为宁波工艺一大特色。

嵌在墙体上的砖雕人物故事，造像生动逼真，刀法细致圆润，大面积的清水磨砖墙体，接缝严密，通体平滑，足见工艺之精。瓦顶广施堆塑，有人物、翔仙禽、奔神兽，皆栩栩如生，独具风采。

秦氏支祠

秦氏支祠历经风霜七十载，期间曾作为学校和仓库，几遭焚琴煮鹤。幸逢盛世，于1981年被宁波市人民政府公布为市级文物保护单位。1991年划归文物部门管理使用，由国家文物局拨款110万元人民币进行维修。历经三年，已按原貌修复，并于公元1994年5月吉日向社会开放，遂使民间艺术奇葩生辉，秦氏支祠风物长存。1996年4月又辟为宁波史迹陈列馆，全面介绍七千年来宁波历史文化的概貌。

（3）天一阁书画馆

为了进一步发掘天一阁的文化内涵，展出天一阁所藏历代名家书画和当代知名人士的力作，为了帮助宁波地区的文化艺术发展提供活动的场所，为了丰富市民的文化生活，提高城市文化品位，促进港城文明建设，天一阁书画馆工程被列为宁波市人民政府1996年八大实事工程之一。书画馆由中国建筑技术发展研究中心（中国建筑历史研究所）设计，其设计构思和特点为：①根据江南，尤其是浙东文人的禅学意境，追求建筑空间与造型的空明灵透、明瑟素静。②取明代江南民居左、中、右三轴院落布局，形成主次分明、层层递进之空间组织序列。③全馆分陈列区、公共活动区和管理区三个功能区，三区在空间组织关系上为依次相邻。工程用地面积0.2714公顷，总建筑面积1547.22平方米，于1995年7月10日动工，至1996年竣工，10月1日正式对外开放。

书画馆陈列部分建筑面积达662.8平方米，分设4处独立建筑，主要由昼锦堂、画帘堂、博雅堂3座平房和云在楼1栋楼房组成；其间以廊轩贯之，既可避雨淋日晒，亦可构成变化丰富的空间组织，保证了陈列活动的系统性、顺序性、灵活性和参观的可选择性。室内净高为3.6~3.7米，

其中平房用于一般陈列，楼房为珍品陈列，楼房二层可作备用库房。楼房一层地面到室外地面为一层防水，高 0.6 米。此外，边落南端平房南轩用于接待，建筑做法与陈列室同，皆为钢筋混凝土结构仿古建筑。

公共活动区建筑面积为 360.81 平方米，由门厅和敞厅（状元厅）组成，全部选用当地优秀民居迁移之。门厅正中三开间为人流入口处，入即临池，人流须经门厅左、右边方可进入；门厅两侧梢间为服务用房，用于门卫、售票和小卖部。敞厅（状元厅）与各陈列室之间交通便捷，位置适中；厅南北两面不设围护门窗，以柱排列之，呈宏敞通达之势，利通风消暑。全厅可用于现场书画活动、报告会等文艺界聚会，亦可陈列一般性地方画作。此厅原为清咸丰二年（1852）状元章鋆的厅堂，高大威仪，为甬上之冠，移建于此，故以名之。章鋆，字采南，授翰林院修撰，历官至国子监祭酒，尝掌四川、广西乡试，充会试同考官，视学福建、广东，有雅誉。

管理区建筑面积 64.80 平方米，由东、西备弄，管理办公用房和人流疏散辅助出口组成，位于全馆东南隅，远离陈列区。管理用房包括：安全系统监控室、配电室和办公用房。东备弄将书画馆与秦氏支祠隔成两个防火区，交通可达南园、东园、秦氏支祠及书画馆陈列区；西备弄用于边落参展人流紧急疏散和夜间防卫巡逻。

书画馆的室外装修，主要根据宁波地方传统实例调研资料、《明史·舆服志》所载明代官宅建筑种种定制及《营造法源》所列种种江南营造法则，其造型尽可能反映出明代宁波地方传统的建筑样式：简朴素雅，粉墙黛瓦；墨柱褐梁，不施彩绘，雕饰为辅；地面用石板铺砌，漏窗及门框以水磨青砖镶嵌；山墙取明代地方样式观音兜，墀头以砖雕与水墨彩绘饰之；大面

积院墙处设水磨青砖镶嵌之照壁。全馆以黑、白、灰三色为基调。

书画馆之状元厅、昼锦堂、画帘堂、南轩、博雅堂、云在楼，或为古代藏书楼名，或为古时文人讲学、读书、会文之处，与原天一阁可谓珠联璧合，相得益彰。除状元厅为移建建筑，前已述及外，余皆为仿古建筑，仅借取其名。原建筑今均不存，现对其原情况略作介绍。

昼锦堂

在月湖竹洲，原为正义楼公郁之讲台。昼锦堂、紫翠亭为其孙墨庄楼异所建。楼异，字试可，宋元丰八年（1085）进士，因奏请在明州置高丽司，废广德湖为田而知明州。昼锦堂所在竹州后归史浩，称四明洞天。

画帘堂

宋绍兴三十一年（1161）鄞令宋应建于厅事之东。宋应，字子刚，以

书画馆

右奉议郎知鄞。绍兴二十九年（1159）三月至三十二年（1162）四月在任。理讼事详加诘询，曲尽其情，征税赋示以日期，治鄞三年，公庭肃然。

南轩

明陆宝藏书楼，在桂井巷，其收藏之富仅次于范陈（范钦天一阁和陈朝辅四香居），且多善本。

博雅堂

明谢三宾的书室，在月湖之滨的谢家巷。收藏之富可与其师清代大藏书家钱谦益绛云楼相埒。以藏有赵松雪手批宋版《两汉书》而闻名海内。

云在楼

清初陈自舜藏书楼，在带河巷。其父陈朝辅四香居藏书已闻名甬上，他继承父业，亦喜收购，故储藏愈富，"为范氏天一阁之亚"，成为清初浙东大藏书家之一。

总之，陈氏宗祠、秦氏支祠的维修和书画馆的建成，形成了独具特色的陈列片区，大大丰富了观众的参观内容，也提升了天一阁自身的品位档次。

（4）南园

南园位于天一阁藏书楼之南，占地3400平方米，是南国书城天一阁总体规划中一期扩建工程的重要组成部分，于1996年动工，历时两年完工。园以水为主，水岸聚而不分，池岸叠石玲珑。池西为临水的主体建筑"水北阁"，池南为"抱经厅"。四周长廊回环。整个园林整洁、清晰，给人以闲适、雅逸和平静之感。

水北阁

系晚清徐时栋的藏书楼。徐时栋，字定宇，号柳泉，喜藏书，其藏书

南园

楼初在月湖之西，名烟屿楼，藏书6万卷。1861年藏书被窃、毁损。次年，他迁居西门外，重新访求整理古籍，得书4万卷，书楼名"城西草堂"。1863年遭大火，藏书全毁。次年，于旧址重建新宅，复藏书4.4万卷。因书楼在河之北，遂名水北阁。1911年藏书流失。1997年水北阁整体移入天一阁南园，并于7月恢复。8月，适值全国方志颁奖大会在甬召开，中共中央政治局委员、国务委员、中国地方志指导小组组长李铁映同志专程视察天一阁，实地察看了新落成并藏有千余部新编方志的水北阁，对天一阁收藏地方志的传统和成就表示赞赏，并向与会代表提议，在天一阁新辟中国地方志珍藏馆。这一提议得到与会代表的热烈拥护。现中国地方志指导小组已正式发文，同意在天一阁设立中国方志珍藏馆。水北阁的成功迁入不但使天一阁又增加了一处文化景点，而且因辟为中国地方志珍藏馆而使天一阁的藏书文化功能得到延伸。

南园

抱经厅

原为清乾隆年间藏书家卢址居宅的厅堂。卢博嗜古学，尤善聚书，30年间聚书10万卷，仿天一阁之制，于宅旁建藏书楼，取唐代韩愈致卢全诗"春秋三传来高阁，独抱遗经求终始"之意，名"抱经楼"。1916年藏书流失。今逢旧城改造，卢宅将毁于一旦，天一阁将其书楼和厅堂整体拆迁，并于1998年在南园恢复厅堂，名曰"抱经厅"。

通过天一阁扩建一期工程的实施，已初步形成以"宝书楼"为核心，包括新书库、东明草堂、范氏故居、明州碑林、千晋斋的藏书文化区，以东园、

南园为主体的文化休闲区和以秦氏支祠、陈氏宗祠、天一阁书画馆组成的陈列展示区，一座占地 25000 平方米的"南国书城"已呈现在世人面前。我们相信，随着二期工程的实施，天一阁这颗最能反映和体现宁波历史文化名城风采的明珠必将焕发出更加耀眼的光芒。

附件一：

禁牌

范氏禁牌一

烟酒切忌登楼。

范氏禁牌二

子孙无故开门入阁者罚不与祭三次。

私领亲友入阁及擅开书橱者罚不与祭一年。

擅将藏书借出外房及他姓者罚不与祭三年，因而典押事故者，除追惩外，永行摈逐，不得与祭。

范氏禁牌三

阁上敬贮宸翰秘书得胜图，凡登阁者各宜祗懔，毋得轻亵。

司马公藏书历三百载，乾隆甲午年间荷蒙绘图烫样进呈，叠叨恩赐奖励，俾远祖德泽弥彰，凡属后嗣，益宜谨慎，永昭世守。

书阁建造历有年所，虽时经修理，总恐日久难支。今春会同子姓筹费鸠工，需用繁多，程工浩大。后人因修理之维艰，益思创建之非易，宜各恪遵勿替。

阁上门槛厨门锁钥封条，房长每月会同子姓稽考，并察视漏水鼠伤等情，以便即行修补。

天一阁规划图

　　阁下每月设立巡视二人，其护程及阁下各门锁钥归值月轮流经管。如欲入内扫刷以及亲朋游览，值月者亲自开门，事毕检点关锁。倘阁下稍有疏失，损坏花木器物，罚不与馂一次。

　　阁下阁几、大座、茶几、矮方、八仙桌毋得借用及移置厅堂，所有乌木大公式□□亦不许借用。

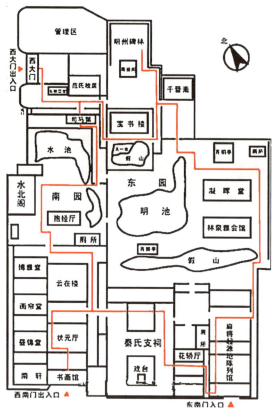

天一阁规划图

阁下六间并前后游巡明堂俱不得堆积寄放物件，暂行工作及护程上挂晒衣裳，犯者罚不与馂二次。

前后假山植有花木，今春略为增莳。如子姓攀折毁伤，罚不与段一次。

花坛假山及一应石砌毋得扒掘损坏、捶白捣衣，违者罚不与段一次。

池水为一门仰给，如有向池水洗淤及游泳，犯者罚不与段二次。

总门内外不得安放橙桌、堆放物件，致碍行走。□□□□□。

道光九年己丑岁八月上浣谷旦。